ESSAY

KRITIK

MARGINALIEN

Jonas Rosenbrück, geb. 1991, Assistant Professor of German am Amherst College. 2024 erschien *Common Scents: Poetry, Modernity, and a Revolution of the Senses.*
jrosenbrueck@amherst.edu

Nils C. Kumkar, geb. 1985, Soziologe, Wissenschaftlicher Mitarbeiter am Forschungszentrum Ungleichheit und Sozialpolitik Socium der Universität Bremen; Thomas Mann Fellow 2025 der Universität Bremen. 2022 erschien *Alternative Fakten*; 2025 *Polarisierung. Über die Ordnung der Politik.*
kumkar@uni-bremen.de

Uwe Schimank, geb. 1955, Professor im Ruhestand für Soziologische Theorie am Forschungszentrum Ungleichheit und Sozialpolitik Socium der Universität Bremen. 2017 erschien *Das Regime der Konkurrenz: Gesellschaftliche Ökonomisierungsdynamiken heute* (mit Ute Volkmann).
schimank@uni-bremen.de

Thorsten Holzhauser, geb. 1985, Historiker, Geschäftsführer der Stiftung Bundespräsident-Theodor-Heuss-Haus. 2022 erschien *Demokratie, Nation, Belastung. Kollaboration und NS-Belastung als Nachkriegsdiskurs in Frankreich, Österreich und Westdeutschland.*
holzhauser@stiftung-heuss-haus.de

Dominik Flügel, geb. 1996, Doktorand in Politikwissenschaft an der Universität Genf.
https://dominikfluegel.de

Jan Wetzel, geb. 1991, Promovend an der TU Dresden zur historischen Soziologie moderner Gestaltung. 2020 erschien *Die Vertrauensfrage. Für eine neue Politik des Zusammenhalts* (mit Jutta Allmendinger).
jan.wetzel@gmail.com

Werner Krauß, geb. 1957, Ethnologe, forscht zu Klimawandel und Biodiversität in den EU-Projekten »Climateurope2« und »Rewrite« am artec Forschungszentrum der Universität Bremen. 2013 erschien *Die Klimafalle* (mit Hans von Storch).

Sibylle Severus, geb. 1937, Schriftstellerin. 2015 erschienen der Roman *Nauenfahrt* und die Erzählungen *Die Große Kunst*.
sibylle.severus@bluewin.ch

Tim Lanzendörfer, geb. 1981, Amerikanist am Institut für England- und Amerikastudien der Goethe-Universität Frankfurt am Main. 2023 erschien *Utopian Pasts and Futures in the Contemporary American Novel.* Laufendes Buchprojekt zur Rolle der Literaturwissenschaft in der Gesellschaft: *Nichtfaschisten machen.*
https://platonicmonkeywrench.wordpress.com/

Anke Stelling, geb. 1971, freie Schriftstellerin. 2018 erschien der Roman *Schäfchen im Trockenen*, 2020 die Erzählungen *Grundlagenforschung*.
www.ankestelling.de

ZU DIESEM HEFT

An Donald Trump kommt man einfach nicht vorbei – so sehr man es sich wünschen würde. Seit er im November 2022 seine erneute Kandidatur für die Präsidentschaftswahlen in den USA öffentlich bekanntgegeben hat, sind fast fünfzig Beiträge im *Merkur* erschienen, die sich aus den unterschiedlichsten Perspektiven mit ihm beschäftigt haben.

In vielen davon kommt das schmerzliche Gefühl der Hilflosigkeit angesichts von Trumps öffentlich zelebriertem Sadismus, seiner schamlosen Rachsucht und seiner unverhohlenen Verachtung aller etablierten Standards politischer Zivilität zur Sprache. Mit den üblichen intellektuellen Analysewerkzeugen kommt man hier offenbar nicht weiter. Das liegt vor allem daran, dass, wie Jonas Rosenbrück feststellt, »die Enthüllung, das Schlüsselwerkzeug jeder Hermeneutik des Verdachts,« in der Auseinandersetzung mit Trump »nicht nur ineffektiv, sondern sogar kontraproduktiv« ist. Diesem Problem entkommt auch Rosenbrück bei seinem Versuch einer Charakterologie des US-Präsidenten nicht vollständig. Zugleich gelingt es ihm mit dem psychoanalytischen Blick nicht zuletzt auf Trumps schillernde Gender-Performance, diesen auch dem keineswegs wohlwollenden Betrachter als Faszinosum begreifbar zu machen.

In diesem Monat beginnen wir mit unserer Podcast-Gesprächsreihe »Krumme Straße«. Kooperationspartner bei diesem Experiment ist das Kulturwissenschaftliche Institut Essen. Die einzelnen Folgen der Reihe werden künftig jeweils zum Monatsanfang über unsere Website (www.merkur-zeitschrift.de) verfügbar sein. Auch wenn wir uns darin immer wieder mit Autoren und Autorinnen unterhalten werden, die auch im *Merkur* publizieren, ist »Krumme Straße« nicht primär als Ergänzung zum Heft gedacht, sondern als eigenständiges publizistisches Forum. Wir freuen uns darauf.

CD/EK

Jonas Rosenbrück

Donald Trumps Männerfantasien

Seit seiner triumphalen Rückkehr ins Weiße Haus am 20. Januar 2025 macht Donald Trump, was er will: exorbitante Steuerkürzungen für Superreiche, massive und häufig grausame Abschiebungen von Einwanderern, das Streichen von Fördergeldern für Entwicklungshilfe und Krebsforschung, transphobe Exekutivaktionen, die vorbehaltlose Unterstützung von Israels eskalierenden Kriegsverbrechen im Gazastreifen, die autoritär vorgehende Bestrafung von ihm nicht genehmen Individuen, Kanzleien und Universitäten – *the list goes on.*

Doch wirklich Spaß scheint der 47. Präsident der Vereinigten Staaten zu haben, wenn er sich Aufgaben fern der Tages- und Weltpolitik widmet. Wie die *New York Times* berichtet, verbringt Trump seit seiner Amtseinführung viel Zeit damit, Lampen und Vorhänge für die präsidiale Residenz auszusuchen, Empfänge für den Women's History Month abzuhalten, einen neuen Ballsaal zu entwerfen und den Rosengarten des Weißen Hauses umzugestalten. (Wenn es regnet, ist er zu nass »für die Frauen in ihren Stöckelschuhen«, so der amerikanische Präsident.) Ein bemerkenswerter Rollentausch: Es sind dies die traditionellen Aufgaben der First Lady. Melania Trump jedoch ist seit der zweiten Amtseinführung ihres Mannes so gut wie nie im Weißen Haus zu finden, und so spielt an ihrer Stelle der Präsident die Rolle der ersten Frau der Vereinigten Staaten.

Solch eine Geschlechterverwirrung, solch ein *gender trouble* fiel auch schon während des letzten Wahlkampfs auf, als Trump immer wieder – anstatt über »Frauen in Stöckelschuhen« bewundernd oder lüstern zu sprechen, wie er es noch am Anfang seiner politischen Karriere häufig tat – seiner Verehrung gutaussehender *Männer* in der Öffentlichkeit emphatischen Ausdruck verlieh. Bei seinem dreistündigen Auftritt im populärsten Podcast der USA, der verschwörungstheoretisch-hypermaskulinen *Joe Rogan Experience*, sprach Trump ausführlich darüber, wie schön »seine« Piloten der Air Force One seien – »besser aussehend als Tom Cruise, sogar größer, wie perfekte Prachtexemplare«. Bei so offen zur Schau getragener, homoerotischer Bewunderung konnte Joe Rogan nur unsicher-gequält lachen. Für Trump hingegen ist das detaillierte Lob männlicher Körper Teil seiner Standardroutine geworden. Auch bei seinen fünf anderen Besuchen von »Manosphere«-Podcasts hielt sich der Präsident mit seinem detaillierten Männerkörperkommentar nicht zurück, zur bemerkenswerten Desorientierung seiner Gesprächspartner.

Neben den traditionellen Aufgaben der First Lady und der Bewunderung männlicher Körper frönt der Präsident immer wieder den Leidenschaften und Interessen eines (prä)pubertären Jungen. Im Oval Office hatte er eine Zeitlang ein Modellflugzeug der Air Force One, mit dem er Justin Trudeau beeindrucken wollte. Bei einem Besuch von CEOs der Logistikindustrie im März 2017 trug er einen »I love trucks«-Button und stieg vor einer Gruppe begeisterter Männer in einen Lastwagen, um ein paar Mal auf die Hupe zu drücken. Während seines Staatsbesuchs in Saudi-Arabien im Juni 2025 erhielt er ein Geschenk des saudischen Königshauses, das ihn fast noch mehr begeisterte als die milliardenschweren Investitionen, die ihm Kronprinz Mohammed bin Salman zusagte: zwei arabische Leoparden. Laut Brandie Smith, der Direktorin des amerikanischen Nationalzoos, wollte Trump alles über die »Persönlichkeit« dieser Leoparden wissen: »Wie groß sind diese Tiere? Was essen sie? Wie gefährlich sind sie?« Als dann wenige Tage später Israel den Iran angriff und eine ungeahnte Eskalation der Kriegshandlungen im Nahen Osten riskierte, verbrachte Trump mehrere Stunden auf dem Rasen des Weißen Hauses, um der Installation von zwei Fahnenmasten beizuwohnen, den »besten Fahnenmasten des Landes, der Welt sogar«, den größten und schönsten Fahnenmasten, die man je gesehen hat. Den schlüpfrigen Witz über die offensichtlich phallische Bedeutung dieser »flag poles« lieferte der Präsident dann auch selbst.

Hypermaskuline Kompensation

Trump als Frau, Trump als Homoerotiker, Trump als Junge – ein solches Bild des US-Präsidenten zu skizzieren, skandalisiert: Ist Trump nicht vielmehr das Urbild toxischer Männlichkeit, ein Mann, der protzige Militärparaden abhalten lässt und mit sexuellen Übergriffen auf Frauen angibt? Ein Mann, der von E. Jean Caroll erfolgreich auf zivilen Schadensersatz wegen »sexual battery« verklagt wurde und sich öffentlich mit Vergewaltigern wie Mike Tyson solidarisiert?[1] Ein von Dominanzfantasien besessener Mann, der permanent damit prahlt, dass er der Größte ist und die größte Wirtschaft, das größte Militär, das größte Publikum (wir verstehen: den Größten) hat?

Wer Donald Trumps Verhältnis zum dichten Knotenpunkt »Geschlecht« verstehen will, muss genau dieses Paradox zu denken versuchen: Trumps

1 Dieser Essay behandelt explizit die Frage Trumps *weißer* Männlichkeit und spart die äußerst wichtige Frage der Rassifizierung aus. Die wechselseitige Beeinflussung von Geschlecht und Rassifizierung im spezifischen Fall Trump und im allgemeineren Fall der USA ist so komplex, dass sie einen längeren Essay erfordern würde.

Hypermaskulinität – seine gewalttätige, misogyne, sadistische, konventionell-patriarchale Männlichkeit – ist die intime Kehrseite seines permanenten Flirts mit der eigenen Feminisierung, Homoerotisierung und entmannenden Regression. Das Übertriebene und Extreme dieser Hypermaskulinität ist Kern und Ergebnis ihrer Kompensationsfunktion: Hier wird ein fundamentaler Mangel hysterisch überspielt.

Die mit dem Pulitzer-Preis ausgezeichnete Essayistin Andrea Long Chu hat in ihrem Buch *Females* – teils Gender Studies-Manifest, teils Memoiren ihrer Transition – folgendermaßen argumentiert. Die Erfahrung von Lust und Begierde ist immer die Erfahrung einer Überwältigung: Ich begehre meine Begierde nicht aktiv; meine Lustobjekte werden von mir nicht frei gewählt, sondern die Lust überkommt mich und drängt sich mir auf. Insofern ist jegliches Verlangen eine feminisierende Kraft, da als »weiblich« in der westlichen Kultur all das kodiert ist, was als passiv-unterwürfig angesehen wird. Wenn ich etwas begehre, werde ich der Behälter einer mir fremden Kraft. Die entscheidende Wendung von Chus Argument ist: »everyone is female«. Als begehrende Wesen sind *alle* Menschen, ganz gleich welche »Geschlechtsidentität« sie annehmen, dieser feminisierenden Kraft unterworfen. In diesem Kontext lässt sich Männlichkeit dann als eine Bewältigungsstrategie zweiter Ordnung verstehen: »Everything that we think of as masculinity – even the worst kind, the kind that you find in seedy subreddits and at white nationalist marches – [is] really a way of negotiating, and learning to enjoy, the feminizing force of desire.«[2]

Trumps immer wieder beteuerte Hypermännlichkeit wäre dementsprechend eine Art Feuerschutz, unter dem Feminisierung, die er deutlich intensiver und freimütiger lebt als seine Rivalen, genossen und gleichzeitig verleugnet werden kann. Das Geheimnis von Trumps anhaltender Attraktivität für seine Wähler und Anhänger ist dies: Er erlaubt mir, etwas zu genießen, das ich gleichzeitig verleugnen muss, nämlich, dass auch ich in den Positionen »Frau«, »Homoerotiker«, »Junge« stehe und stehen möchte. Die Angst vor der Feminisierung, die sich in der toxischen Hypermaskulinität ausdrückt, ist nicht so sehr Angst vor dem Verlust der Männlichkeit (was im psychoanalytischen Vokabular unter dem Begriff »Kastrationskomplex« behandelt wird), sondern Angst davor, dass ich meine Kastration *genießen* werde. Im Angesicht dieser Angst ermöglicht Trump es sich und uns, auf zwei Hochzeiten gleichzeitig zu tanzen. Er gibt sich seiner Feminisierung hin *und* verleugnet sie mit aller Kraft – seine Männlichkeit ist das Endergebnis dieser in zwei verschiedene Richtungen strebenden Vektoren.

2 Andrea Long Chu, *Females.* New York: Verso 2019.

Aus der Perspektive der Männlichkeit als Kompensationsstrategie und Verleugnung von Feminisierung lässt sich auch die manisch-grausame Panik über Transfrauen, die von Trump (und zunehmend auch von deutschen Politikern) immer mehr angeheizt wird, besser verstehen. Es geht hier nicht darum, Cis-Frauen vor angeblich lüsternen und übergriffigen Transfrauen, die keine »echten« Frauen sind, zu schützen; es geht hier nicht einmal darum, die vermeintliche Binarität der Geschlechter aufrechtzuerhalten. Es geht vielmehr darum, dass Transfrauen ein Verlangen verkörpern, das die verleugnete Wahrheit kompensatorischer Männlichkeit darstellt: Sie *wollen* feminisiert werden. Dass jemand – dass ein *Mann* – eine Frau sein wollen könnte, ist ein größtmöglicher Affront und muss deshalb unter großen Anstrengungen verworfen werden.

Schein ist Sein

Niemand ist ein »echter« Mann; es gibt nur Personen, die sich durch ihre Körperpraktiken überzeugender in der Nähe des Idealtyps »Mann« positionieren können. Das Interessante an Trump ist, wie fern er von diesem Idealtyp steht: Er benutzt viel Make-up und färbt sich die Haare. Er hat weder ein konventionell gutaussehendes Gesicht noch ist sein Körper nach den Standards dominanter Männlichkeit geformt. Die permanente Bedrohung von Trumps Körper lässt sich mit dem Titel des zweiten von Werner Schwabs *Fäkaliendramen* zusammenfassen: *ÜBERGEWICHT, unwichtig: UNFORM*. Der Präsident ist unförmig und ungelenk, zu schwer, zu weich, zu wabbelig. Und dies schon seit Jahrzehnten. Dem Militärdienst im Vietnamkrieg entzog er sich aufgrund einer Diagnose von Knochenvorsprüngen (Osteophyten) in seinen Fersen; nicht einmal gehen konnte er gut genug, als dass er soldatisch seine Virilität hätte beweisen können. (Die Diagnose wurde aller Wahrscheinlichkeit nach gefälscht, damit Trump der Wehrpflicht entgehen konnte. Es ist unklar, welche Option – Wahrheit oder Lüge – entmannender ist.)

Der Kontrast zu den anderen Hauptfiguren der Trump-Show ist in dieser Hinsicht instruktiv. Protagonisten wie Verteidigungsminister Pete Hegseth, Heimatschutzministerin Kristi Noem oder auch seine Tochter Ivanka fallen eher durch ihre Hypernormativität auf. Seit Jahren ist Trump dafür bekannt, sich mit Menschen zu umgeben, die aussehen, als kämen sie aus dem »central casting«: von den bestaussehenden Piloten der Air Force One bis hin zu »seinen« Generälen. Wenn die Natur nicht ganz mitspielt, lässt sich dem auch medizinisch nachhelfen. *Politico* berichtete, dass die Anzahl kieferchirurgischer Eingriffe bei Männern, man verlangt ein markantes Kinn, seit Trumps zweiter Amtseinführung bei Schönheitschirurgen in Washington D. C. exponentiell angestiegen ist.[3]

Im aktuellen Diskurs werden solche geschlechtsangleichenden Maßnahmen *(gender-affirming care)* bezeichnenderweise primär im Kontext von Transpersonen diskutiert. Doch auch für Cis-Personen fungieren Brustvergrößerungen und -verkleinerungen, Penisimplantate und Haartransplantationen, Hormone gegen Haarausfall und für stärkeren Sexualtrieb, Steroide und Nahrungsmittelergänzung zum Muskelaufbau, selbst die anhaltende Fitnessstudiokultur ebenso als geschlechtsangleichende Maßnahmen. Sie gleichen mich dem Idealtyp meines Geschlechts an und bringen meinen Körper dem strukturell unerreichbaren Ideal näher – *gender-affirming care* ist en vogue für alle.

Im Vergleich zu den »central casting«-Protagonisten und Protagonistinnen seines Umfelds sind Donald Trumps eigene geschlechtsangleichende Maßnahmen auffallend minimal. Im Zentrum der Macht entscheidet Präsident Trump, wie es einem (Pseudo)Souverän zusteht, dass er die Ausnahme darstellt. Seine Virilität steht nicht zur Debatte; er muss sich dem Idealtyp nicht anpassen und kann sich Distanz zum Standard konventioneller Männlichkeit leisten. Es ist von zentraler Bedeutung, dass genau dieses *Versagen* seiner Männlichkeit Trumps Attraktivität für seine Wähler ausmacht: Es ermöglicht Identifikation im Modus der Idealisierung.[4] Trump erlaubt mir, etwas zu glauben, von dem ich weiß, dass es falsch ist: nämlich dass er, dass ich ein »echter«, »viriler« Mann bin, ein Mann, wie es sich gehört. Er macht vor, wie man Männlichkeit behauptet und durch den bloßen Akt der Behauptung herbeiredet. Trump verkörpert den Glauben an Männlichkeit als performativen, perlokutionären Sprechakt: Ich bin ein Mann – der männlichste Mann, den es je gab –, weil ich es sage.

3 Joanna Weiss, *The Plastic Surgery Procedure Booming Among Washington Men*. In: *Politico* vom 5. Juni 2025 (www.politico.com/news/magazine/2025/06/05/dc-plastic-surgery-jawlines-trump-00380485).

4 In dieser Hinsicht fällt Trump in die Kategorie der »great little men«, die Theodor W. Adorno in *Freudian Theory and the Pattern of Fascist Propaganda* identifiziert: »While appearing as a superman, the leader must at the same time work the miracle of appearing as an average person, just as Hitler posed as a composite of King-Kong and the suburban barber.« Diese Kippfigur ermöglicht dann die Idealisierung dieser Identifikation: »By making the leader his ideal he loves himself, as it were, but gets rid of the stains of frustration and discontent which mar his picture of his own empirical self.« Theodor W. Adorno, *Gesammelte Schriften*. Bd. 8: *Soziologische Schriften I*. Frankfurt: Suhrkamp 2003.

Doch wie alle Sprechakte hat auch das Herbeireden von Männlichkeit Möglichkeitsbedingungen, die sozial konstituiert sind. Insofern verlangt die Performanz der Männlichkeit immer ihre soziale Anerkennung durch den Blick des Anderen, oder wie es Chu formuliert: »Gender exists, if it is to exist at all, only in the structural generosity of strangers.« Wenn mich absolut niemand, nicht einmal ich selbst, als Mann anerkennt, bin ich auch keiner. (Die Trans-Rechtsbewegung stellt im Kern die Forderung nach einer Umverteilung dieser Anerkennungsbedingungen dar.) Um diese Großzügigkeit zu erhalten, übe ich mich in Körperpraktiken, die mir am vielversprechendsten im Hinblick auf dieses Anerkennungsziel erscheinen, Körperpraktiken, die so immer eine Art Forderung und Bitte ausdrücken.

Der Trick des US-Präsidenten, mit dem er um die Anerkennung seiner Männlichkeitsperformanz bittet, ist nun folgender: Donald Trump ist eine inkognito, campy, extravagante Drag Queen. Er versteht, dass er das Versagen seiner Männlichkeit nicht überwinden kann, und verschiebt das Problem folglich auf die Ebene des Scheins. Der Schein der Männlichkeit wird durch Trumps theatralische Übertreibungen hervorgebracht. Denn bei ihm finden sich alle klassischen Elemente des Drag. Er übertreibt, er ist ironisch, er ist affektiert, er liebt das Artifizielle und Manierierte, eine Art Rokokostil dominiert seine Welt (überall blitzt es golden, selbst im Oval Office). Er ist »Camp« ganz in Susan Sontags Sinne, denn »the essence of Camp is its love of the unnatural: of artifice and exaggeration«.[5] Und da die Extravaganz dieses manieristischen Stils immer auch primär die eigene Künstlichkeit explizit ausstellt, sieht man in Trumps Performanz wie in einer Kippfigur beides: dass er sich als »echter« (hyperbolischer) Mann produziert und dass er keiner *ist*. Auch die Gefahr dieser Haltung der Politik-als-Camp ist klar. Nach Sontag ist Camp das »Lösungsmittel der Moralität«; in ihm wird jegliche moralische Empörung neutralisiert und im ästhetischen Phänomen des ironischen Spiels aufgelöst. Jeglicher Zugriff auf das Phänomen Trump, der primär mit Moral- oder Realitätsbegriffen vorgeht, begeht somit einen Kategorienfehler.

Die Klage der Männlichkeit

Das Ideal der Männlichkeit kann nie erreicht werden: An irgendeiner Stelle bin ich immer zu klein oder zu schwach, von der Formel *ÜBERGEWICHT, unwichtig: UNFORM* bedroht. Insbesondere für heterosexuelle Männlichkeit geht es beim Verfehlen des männlichen Ideals, das sich primär durch

5 Susan Sontag, *Notes on »Camp«*. In: *Partisan Review*, Nr. 31/4, Herbst 1964.

Autonomie, Autarkie und Stärke definiert, um ein strukturell unüberwindbares Problem: Der heterosexuelle Mann begehrt etwas (Frau, Weiblichkeit), was er selbst nicht hervorbringen kann. In der Mitte heterosexueller Männlichkeit liegt eine Leere, die nicht nur die Insuffizienz des Mannes anzeigt, sondern auch Autonomie in unhintergehbarer Heteronomie auflöst.[6] Flussabwärts der Quelle dieser unzureichenden Männlichkeit finden sich dann die typischen Symptome toxischer Männlichkeit: emotionale Unverfügbarkeit (Abschottung als Verneinung von fehlender Autarkie), misogyne, homophobe und transphobe Gewalt, die sich gegen all diejenigen richtet, die das Verleugnen dieser Quelle durch ihre eigenen Körper- und Lustpraktiken destabilisieren.

In dieser Hinsicht ist homoerotisches Verlangen sicherer: Meine Begierde richtet sich auf etwas, mit dem ich mich gleichzeitig identifizieren kann. Der Mangel wird begrenzt und stabilisiert; die Lücke scheint narzisstisch schließbar. Die Gefahr dieser Ausweichstrategie wiederum liegt in einem möglichen Identifikationskurzschluss. Man ist sich zu gleich und löst somit die notwendige sexuelle Differenz auf, in der sich ein Mann durch sein Nichtfrausein definieren könnte (Robert Stoller: »The first order of business in being a man is don't be a woman«). Der Sperrbildschirm von Trumps iPhone zeigt ein Bild von ihm selbst, auf dem er in die Kamera, und damit auf sich selbst, zeigt: Im reinen Narzissmus löst sich Geschlecht als Zwischenspiel von Differenzen auf, und zurück bleibt eine unendliche, aber darum leere Mise en abyme.

In diesem Double Bind – sowohl Hetero- als auch Homo-Orientierungen drohen mit der Auflösung der Männlichkeit – staut sich der Affekt auf, den Trump in herausragender Art verkörpert: Ressentiment. Alles muss abgelehnt werden; nie kann er mit der Welt und anderen Menschen im Einklang sein. Dass er sich in einem permanenten, einsamen Belagerungszustand zu befinden scheint, zählt zu seinen auffallendsten Charakteristika. Immer und von allen Seiten will die Welt ihm Böses. Konsequenterweise ist, wie sich in Maggie Habermans Biografie nachlesen lässt, Rache eines der zentralen Themen seines Lebens.[7]

Doch Rache oder, präziser formuliert, das Ressentiment, wie Friedrich Nietzsche es in der ersten Abhandlung seiner *Genealogie der Moral* formuliert, ist nicht nur reaktiv. Es sagt »von vornherein Nein zu einem ›Ausserhalb‹, zu einem ›Anders‹, zu einem ›Nicht-selbst‹: und *dies* Nein ist ihre schöpferische

6 Vgl. Nathan Rochelle Duford, *What Can Men Want? So straight you're gay*. In: *Parapraxis* (www.parapraxismagazine.com/articles/what-can-men-want).

7 Maggie Haberman, *Confidence Man: The Making of Donald Trump and the Breaking of America*. New York: Penguin 2022.

That«.[8] Das große Kunststück Trumps ist diese schöpferische Tat aus dem verbitterten Nein heraus. Er ist ein Priester im nietzscheanischen Sinn, denn »der Priester ist der *Richtungs-Veränderer* des Ressentiment«: »Jeder Leidende nämlich sucht instinktiv zu seinem Leid eine Ursache; genauer noch, einen Thäter, noch bestimmter, einen für Leid empfänglichen *schuldigen* Thäter.« In Trumps Händen wird »jener gefährlichste Spreng- und Explosivstoff, das *Ressentiment*« umgeleitet und findet eine (neue) Zielscheibe: Für mein ökonomisches Leiden müssen China, Japan und all die anderen Länder, die uns über den Tisch ziehen, verantwortlich gemacht werden (und nicht die kapitalistische Ausbeutungs- und Klassenstruktur).[9] Wenn das ländliche Krankenhaus schließt, liegt das an all den illegalen Einwanderern, die umsonst Gesundheitsversorgung erhalten (und nicht daran, dass Trumps Republikaner Medicaid gekürzt haben). Die Schuld am Zerfall der Infrastruktur liegt bei den »woken« Umweltschützern, die es zu schwer machen, zu bauen (und nicht an chronischer Unterinvestition und Klimakatastrophe). Und natürlich: An meinem Leiden an der Männlichkeit sind die Transfrauen, die Feministinnen und die Schwulen schuld (und nicht die Generalstruktur zeitgenössischer Maskulinität, die Männer an der Männlichkeit selbst leiden lässt). Der »Richtungs-Veränderer« Trump bringt eine Abkehr von den eigentlichen Quellen des Leidens hervor und bietet andere Zielscheiben an, welche die rassistischen, misogynen und xenophoben Strukturen der Psyche seiner Anhänger mit großem Lustgewinn bedienen. Sein politisches Genie liegt in der Umwandlung der Klage der Männlichkeit, des Ressentiments und der maskulinen Versagen-Verleugnen-Struktur in ein Spektakel, das Wählerenergien libidinös an ihn bindet und politisch effektiv macht.

Trump, der Hysteriker

Trumps Grundstruktur ist die des Ressentiments noch in einem weiteren Sinn: Seine Männerfantasien sind immer nur *Wiederholungen*, ein Nocheinmal-Fühlen, wie es das »Re« in Ressentiment anzeigt. Gegeben wird ihm (und uns allen) der Idealtyp des Mannes von außen, von den diffusen Anderen, dem großen Anderen, um es psychoanalytisch zu formulieren. Die

8 Friedrich Nietzsche, *Jenseits von Gut und Böse. Zur Genealogie der Moral. Kritische Studienausgabe*. Hrsg. v. Giorgio Colli u. Mazzino Montinari. Berlin: de Gruyter 1999.

9 Für eine wichtige Intervention zur Frage der Leidensproduktion kapitalistischer Systeme und den Missbrauch dieses Leidens durch Trump und andere rechtsextreme Politiker vgl. Claudia Leeb, *Contesting the Far Right: A Psychoanalytic und Feminist Critical Theory Approach*. New York: Columbia University Press 2024.

eigene geschlechtliche Körperpraktik kann dann nur reaktiv-wiederholend sein, wenn sie sich diesem Typus anzugleichen versucht. Das Befolgen von Normen ist dementsprechend immer ein sich Unterwerfen, ein sich den Wünschen des Anderen Fügen. Trumps Standardsatz »Nobody tells me what to do« zeigt seine Wahrheit präzise im Modus der Verneinung: Ihm (wie uns allen) wird gesagt, was er zu tun und wie er zu sein hat.

Dies bedeutet wiederum, dass die Wahrheit meines Seins im Anderen liegt, denn nur von dort aus kann die mich konstituierende Anrufung (Althusser: Interpellation) ausgehen: Sag Du mir, wer ich bin. In dieses Schema fallen auch Trumps unaufhörliche Projektionen. Jede Anschuldigung ist ein Geständnis. Wenn er Hillary Clinton der Korruption durch ihre Stiftung bezichtigt, stellt sich später heraus, dass die Trump Foundation korrupt war und per Gerichtsbeschluss geschlossen werden muss; wenn er Joe Biden beschuldigt, die Wahl zu stehlen, versucht Trump genau dies selbst; wenn er seine Rivalen als unzureichend männlich bezeichnet, ist auch dies eine Selbstbezichtigung. Nur im Anderen kann Trump seine eigene Wahrheit sehen und benennen. Sag Du mir, wer ich bin.

Aus psychoanalytischer Sicht liegt hier die Struktur der Hysterie vor, denn die hysterische Frage par excellence, so fasst Slavoj Žižek es zusammen, lautet: »Why am I what you [the big Other] are saying that I am?«[10] Die Hysterie benennt einen psychischen Zustand, in dem das Subjekt sich als ein bloßes Für-den-Anderen-Sein empfindet. (Trumps ewige Frage, seiner Biografin Haberman zufolge: »Do you think they liked me?«) Doch die hysterische Frage erhält keine endgültige Antwort und kann eine solche auch nie erhalten (der »große Andere« tritt nie zu mir und sagt mir, wer ich bin), und deshalb muss die Frage immer wieder von Neuem und in einem zunehmend panischen Ton gestellt werden.

Wiewohl sich in der klassischen Psychoanalyse, wie es die etymologische Ableitung von *hystéra* (Gebärmutter) schon andeutet, hauptsächlich Hysteriker*innen* finden, wimmelt es in der Gegenwart von männlichen Hysterikern. Männlichkeit findet sich zunehmend in der Lücke zwischen der symbolischen Identifikation, die von männlichen Körpern verlangt wird, und der Unmöglichkeit, diese Identifikation zu erreichen. Das Resultat sind übernervöse Behauptungen eben solcher Identifikationen. Trump verkörpert in paradigmatischer Form den Ton und das Schema solcher hysterischen Beteuerungen. Der Ton ist weinerlich, verwirrt und überspannt; das Schema ist: »Ich bin,

10 Slavoj Žižek, *The Sublime Object of Ideology*. New York: Verso 2009. Die These, dass weiße Männlichkeit in diesem Sinne hysterisch ist, findet sich schon in Thomas DiPiero, *White Men Aren't*. Durham: Duke University Press 2002.

gegen alle Widrigkeiten, Präsident der USA (der größte und stärkste Mann der Welt) geworden und werde trotzdem andauernd kleingemacht. Wie groß ist groß genug? Warum bin ich immer noch nicht groß und stark genug, ich kann doch gar nicht mehr größer und stärker werden?«

Die Vermessung der Körper

Als Bindungs- und Kontrollstrategie dieser Hysterie, die aus dem Ruder zu laufen droht, mobilisiert Trump häufig eine Flucht in die Messbarkeit des Lebens, die eine objektive Antwort auf die hysterische Frage »Wer bin ich?« verspricht. Die Komplikationen (körperlicher, geschlechtlicher) Existenz lassen sich kontrollieren, indem man sie dem Vermessen unterwirft – so die Hoffnung im Zentrum von Trumps Obsession für einen numerischen Zugang zum Leben (Einschaltquoten, Immobilienpreise, Publikumsgröße, Aktienmarkt, Körpergröße). Eine solche Zuflucht lässt sich paradigmatisch an einem von Trumps Lieblingsthemen zeigen: dem Sport.

In seinen Podcast-Auftritten bei Joe Rogan und anderen war der Sport (American Football, Baseball, Mixed Martial Arts, Golf) durchgehend das am ausführlichsten und enthusiastischsten diskutierte Thema. Dabei kristallisieren sich drei Hauptfunktionen von Trumps Sportfaszination heraus. Zunächst stellt der Sport diejenige Sphäre zeitgenössischen Lebens dar, in der sich Körper am striktesten nach im Vorhinein bekannten Regeln verhalten. Diese präzise Regulierung entspricht der paradigmatischen Quantifizierbarkeit von Sportereignissen. Durch körperbasierte Messbarkeit hat der Sport demgemäß einen doppelten Vorteil: Er wendet sich nicht vom Körper ab (keine Sublimierung), aber hebt dessen Unkontrollierbarkeit durch Quantifizierung auf.

Innerhalb dieses Regulierungsrahmens (und vielleicht nur innerhalb dieses Rahmens) kann dann für Trump, zweitens, eine gemeinsame Welt entstehen. Hier finden Männer einen Weg zueinander und zu sich selbst; hier können sie sich um ein gesichertes und geteiltes Gesprächsobjekt versammeln und so die Wärme zwischenmenschlicher Beziehungen spüren. Hinzu kommt, dass dieses geteilte Objekt wiederum der männliche Körper *als* körperlich und *als* männlich ist – der Kreis schließt sich, man ist endlich unter Männern. Die politische Effektivität dieser Struktur wird leicht von all denen unterschätzt, die diese Welt nicht teilen. Wenn er bei seinen Podcast-Auftritten über Sport redete, erschien Trump durchweg sachkundig und vernünftig. Er hatte Spaß und zeigte seinen Enthusiasmus. Sein vielbeschworener solipsistischer Narzissmus wich einem genuinen Interesse an seinem Gegenüber und dessen Meinungen. Es zeigt sich, wie sehr Trump die emotional-leibliche

Lebenswelt seiner Wähler teilt, so wahrgenommen wird und auf diesem Weg Zugang zu einem *sensus communis* hat. Kurzum, in der gemeinsamen Welt des Sports verkörpert er die wichtigste politische Eigenschaft der amerikanischen Politiklandschaft: Er ist »relatable«.

Mit der Zuflucht zur Vermessung der Körper geht allerdings die Gefahr der Evakuierung des Politischen aus der Diskurssphäre einher. Auch hier hilft ein Beispiel aus Trumps Wahlkampf in der Manosphere. Bei seinem Auftritt im Podcast *Bussin' With the Boys* (ein Podcast von zwei ehemaligen NFL-Spielern, die sich die Frage stellten »How do we bring the locker room to life through our content?«) stellt ihm einer der Hosts die als Witz präsentierte Frage: »Make America great again, would you say that involves the Nebraska Cornhuskers winning a national title?« Trumps politisches Programm und berühmtester Slogan reduzieren sich hier ohne Umstände auf die leere Hülle einer libidinös aufgeladenen Gewinnermentalität, die mit beliebigen Inhalten gefüllt werden kann; jegliche Diskussion genuin politischer Fragen bleibt auf der Strecke. Der Sport funktioniert als Surrogat und Ersatz der Politik.

Diese Evakuierung des Politischen hat politische Effekte. Trumps lockerer Plauderton ist einer der Hauptbestandteile seiner »relatability«. Aufgrund seiner Fähigkeit, einfach drei Stunden lang im beliebtesten US-Podcast draufloszureden, scheint es vielen Amerikanern so, als sei er »einer von ihnen« – schließlich haben sie gerade drei Stunden mit ihm in entspannter, aber anregender Atmosphäre verbracht. Die Vertrautheit von Ton und Stil (die häufig als die »Authentizität« dieses chronischen Lügners benannt wird) führt zu der falschen Annahme seiner Anhänger, dass er politisch für ihre Interessen einstehen wird. Da diese Annahme zum Großteil nicht auf der Realität Trumpscher Politik und ihrer Konsequenzen basiert, sondern auf einer emotional-psychischen Wahlverwandtschaft, kann sie auch von der Wirklichkeit nur schwer widerlegt werden. Gerade darum ist Trumps Flucht in die Surrogatwelt des Sports und des Spektakels politisch so effektiv, was Trump selbst versteht und kontinuierlich ausschlachtet: für die Feierlichkeiten zum 250-jährigen Jubiläum der amerikanischen Staatsgründung am 4. Juli 2026 plant er momentan einen Mixed Martial Arts-Kampf der Ultimate Fighting Championship auf dem Rasen des Weißen Hauses.

Sümpfe und Ströme – ein Theorieproblem

Was nicht gemessen und beziffert werden kann, droht das Subjekt wegzuschwemmen, zu ertränken oder fatal zu entgrenzen. Es war unheimlich im strengen Sinne des Wortes, als eine von Trumps Wahlparolen 2015 direkt aus Klaus Theweleits *Männerphantasien*, dem Standardwerk zur (proto)faschistischen Männlichkeit, zu stammen schien: »Drain the Swamp!« »Aber Papen, was machen Sie denn da? Ich lege den bolschewistischen Sumpf trocken« (1932), heißt es auf einer Fotomontage bei Theweleit.[11] Theweleits Überlegungen zu (weiblichen, roten, sozialistischen) Strömen und den »Körperaggregatszuständen« soldatischer Männer, die sich permanent von Überflutung bedroht fühlen, lassen sich direkt auf Trumps Klagen und Politik übertragen: Der Rose Garden ist zu nass, man droht darin zu versinken. Die »Flut von Immigranten« ist eine existenzielle, panisch machende Bedrohung, denn »without borders, we don't have a country«, und deswegen bauen wir eine Mauer.

Ein ganzer Essay in Theweleits Sinn ließe sich über Trumps Bezeichnung von Kamala Harris' Vizepräsidentschaftskandidaten Tim Walz schreiben. Im Spottnamen »Tampon Tim« komprimieren und verweben sich Trumps Obsessionen mit Menstruation, Körperöffnungen und Blut sowie der Farbe Rot als Verbindungsglied von überwältigender Weiblichkeit und bedrohlichem Sozialismus. Ebenso ließen sich Trumps berüchtigte Beleidigungen als die primäre Praktik seiner libidinösen Enthemmung der Aggression interpretieren; die psychischen Energien in Trumps Welt fließen »ohne Filter«, ohne Ich und Über-Ich, ganz nach dem Motto »Wo Es war, soll Es bleiben.«

Auch absurd erscheinende Aktionen wie Trumps Zollpolitik lassen sich aus Theweleitscher Perspektive analysieren. Nach der Ankündigung von ungeahnt hohen Zöllen auf Importe aus praktisch allen Ländern der Welt zeigte Fox News, mittlerweile inoffizieller Propagandasender der aktuellen US-Regierung, einen kurzen Beitrag unter dem Titel »Trumps männliche Zölle«. Der Zoll ist ein Panzer, der den Körper der Nation vor Überflutung (insbesondere vor der »roten Flut« aus China) schützen soll. Im Kokon dieses Schutzes sollen Männer wieder hart werden, so die Fox-Kommentatoren, denn nun geht es für den amerikanischen Mann aus den weichen Service- und Bürojobs zurück in die abhärtenden Fabriken. Und in Joe Rogans Podcast spricht Trump dann auch die psychische Wahrheit seiner Zollobsession aus, die sich konsistent durch die vergangenen Jahrzehnte zieht: »To me, the most beautiful word in the dictionary today: tariff. *It's more beautiful than love.*« Schöner als die Liebe – schöner als die geneigte Zuwendung zum Anderen, die mich hinaus in die Welt und zum Anderen hinzieht – ist der Zoll, denn er schottet ab und trennt vom bedrohlichen Außen. Zollpolitik als ausgeklügelte Etablierung von Körperpanzern.

Der Intellekt des zeitgenössischen Beobachters findet infolgedessen neues, unerwartetes Reflexionsmaterial noch am ehesten in dem Gefühl der

11 Klaus Theweleit, *Männerphantasien* [1977]. Berlin: Matthes & Seitz 2019.

Unheimlichkeit, das von der Begegnung mit einer Gegenwart ausgeht, die sich schamlos genauso entfaltet, wie es eine fast fünfzig Jahre alte Theorie beschreibt. Die Kontingenz der Geschichte wird durch die Stringenz der Theorie bedroht. Hier hilft der Eindruck der Schamlosigkeit dem Denken weiter. Das Gefühl der Scham tritt immer dann auf, wenn ich eine Position, die mir zugeschrieben wird, nicht ohne Ablehnung oder Zwiespalt einnehmen kann. Die Schamlosigkeit der Trumpschen Gegenwart liegt darin, dass sie genau in die ihr von der Theorie angewiesene Stelle tritt. Alles liegt offen zutage: Es braucht kein kompliziertes Nachweisen von strukturellem Rassismus, verstecktem Klassenkampf oder impliziter Misogynie. Trumps Politik ist *in your face*, direkt und ohne jegliche Scham. Doch es ist gerade diese Schamlosigkeit, die neu zu denken gibt und einen anderen Blickwinkel eröffnet, nicht nur auf besseres Verständnis, sondern auch auf eine andere Politik, eine Politik, die sich auf andere Fantasien als Trumps Männerfantasien stützen würde.

Archimedischer Punkt anderer Fantasien

In Überlegungen zur zweiten Amtsperiode Trumps hat Judith Butler vor Kurzem eine Unterscheidung zwischen »moralisiertem« und »schamlosem« Sadismus vorgeschlagen, wobei beide Spielarten in der Trump-Bewegung zu finden sind.[12] Der »moralisierte Sadismus« funktioniert als eine Umwertungsmaschine: »Böse« erscheinende Aktionen (eine schwangere Frau in ein ihr unbekanntes Land abschieben, ein dreizehnjähriges Kind verhaften) sind *eigentlich* »gut«, wenn man nur versteht, dass sie notwendig sind, um uns dem »guten Leben« näher zu bringen. Der »schamlose Sadismus« dahingegen bemüht sich nicht einmal, seine Grausamkeit umzuwerten, sondern gibt sich, ohne zu zögern, der quälenden Lust hin. Wie Nietzsche es formulierte: »Leiden-sehn thut wohl, Leiden-machen noch wohler«, denn »endlich kommt auch er ein Mal zu dem erhebenden Gefühle, ein Wesen als ein ›Unter-sich‹ verachten und misshandeln zu dürfen«. Dieses erhebende Lustgefühl des Quälens, das gönn ich mir. Faschismus, weil wir Lust darauf haben.[13]

Dieser Sadismus ist explizit ein optischer: Die Lust stammt daraus, das Leiden des Anderen sehen zu können. Deswegen die Made-for-TV-Deportationen

12 Judith Butler, *Destroyed Protections for Extra-Mural Speech*. In: *Youtube* vom 19. Mai 2025 (www.youtube.com/watch?v=Nk93GJQz7_Q).

13 Dieser Sadismus wird durch einen Masochismus in Bezug auf die Führerperson ergänzt. Adorno formulierte: »The leader image gratifies the follower's twofold wish to submit to authority and to be the authority himself.« Zur Frage von Faschismus und Spaß vgl. Robert Hugo Ziegler, *Die Sylter Pfingstgemeinde und der grenzenlose Spaß. Rassismus wird Pop*. In: *Merkur*, Nr. 903, August 2024.

in das CECOT Gefängnis in El Salvador, der beispiellose Inlandseinsatz des Militärs bei Protesten in Los Angeles und das theatralisch-spektakuläre »Alligator Alcatraz«-Immigrantencamp, das einem Konzentrationslager durchaus ähnlich sieht. Solch voyeuristische Lust stellt sowohl den analytischen Geist als auch jegliches politische Subjekt, das dieser Form von Sadismus entgegenwirken will, vor eine höchst komplexe Aufgabe: die Enthüllung, das Schlüsselwerkzeug jeder Hermeneutik des Verdachts – siehe, diese Politik ist eigentlich schädlich, auch für dich! –, ist gegen den schamlosen Sadismus nicht nur ineffektiv, sondern sogar kontraproduktiv, denn sie vergrößert die Sichtbarkeit der Grausamkeit und somit auch die Lust des Sadisten. Je schmerzhafter, je empörter, je entrüsteter man aufschreit, desto größer wird die Attraktivität für den Sadisten. Was also tun?

Es ist äußerst verführerisch, sich all dem durch eine »Sezession der Gemüter« entziehen zu wollen und mit aller Kraft zu beteuern, »dass wir diesen Menschen nicht zugehören«.[14] Doch ein solches Postulat einer absoluten Differenz – dort die »bösen« Trump-Anhänger, hier wir normal-guten Menschen – missversteht, wie sehr Trump nur die radikale Zuspitzung von politisch-psychischen Strukturen und wirtschaftlichen Zuständen darstellt, vor denen niemand komplett gefeit ist. Der erste Schritt zu einem epistemologischen Zugriff auf das Phänomen Trump ist somit die Anerkennung des Trumps in mir. Wie Sontag es in ihren *Notes on Camp* methodologisch darlegt: »To name a sensibility, to draw its contours and to recount its history, requires a deep sympathy modified by revulsion.« Bei der Betrachtung einer manieristischen Tiffany-Lampe ist eine »tiefe Sympathie« zugegebenermaßen leichter anzuerkennen als bei der Analyse der sadistischen Männerfantasien des mächtigsten Mannes der Welt. Aber genau weil diese Fantasien »als ständig präsente oder mögliche Form der Produktion des Realen unter bestimmten Bedingungen auch unsere Produktion sein kann und ist«, wie es schon Theweleit formulierte, müssen auch Trumps Männerfantasien als die potenziell unseren anerkannt werden. (Wie sehr der deutsche Diskurs sich explizit, aber im Modus der Verleugnung, momentan den Trumpschen

14 Helmut Müller-Sievers, *Sezession der Gemüter*. In: *Merkur*, Nr. 909, Februar 2025. Das epistemologische Problem einer solchen »Sezession« zeigt sich paradigmatisch an der Annahme, »die Amerikaner würden doch sicher so viel Stil haben, dass sie jemanden, der nicht tanzen kann, der eingebildet und faul ist, der keine Beziehung zum Sport hat, den niemand je hat lachen sehen, der einfach nicht cool ist, nicht noch einmal zu ihrem Präsidenten wählen würden«. Wer sich auch nur kurz in die Welt Trumps begibt, sieht sofort, wie unzutreffend solche Beschreibungen Trumps sind: Er liebt den Sport, er lacht andauernd, seine Anhänger haben sein linkisches Tanzen in einen liebevollen TikTok-Trend verwandelt, sein mug shot gilt als extrem »cool«, etc.

Fantasien annähert, zeigt sich unter anderem an den aktuellen »Endlich wieder wehrfähig-«, »Endlich wieder für Deutschland sterben«-Debatten.)

Aus dieser Position lässt sich dann erkennen, dass Donald Trumps Männerfantasien ein »perverted utopian promise« sind, wie es Alberto Toscano in *Late Fascism* (2023) formuliert hat. Und diese Erkenntnis könnte helfen, den Archimedischen Punkt zu ermitteln, von dem aus die Energie, die sich im schamlosen Sadismus und in dem ihn stützenden Ressentiment angestaut hat, umgelenkt werden kann. Dieser Punkt erhält eine doppelte Artikulation. Zum einen formuliert der Psychoanalytiker Ken Corbett in *Boyhoods – Rethinking Masculinities* folgende Provokation: Können wir in den narzisstischen, teils verzweifelten, teils gewalttätigen Ausdrücken von Männlichkeit den versteckten Kern einer »quest toward relating« erkennen?[15] Können wir in dem Streben nach Größe und Dominanz, in der Klage der Männlichkeit auch das tiefe Verlangen sehen, aus der Einsamkeit heraus in die Welt – in eine bessere Welt – gezogen zu werden? Zum Anderen enthalten die Fantasien der Trump-Anhänger den Kern eines echten Leidens an dieser Welt, die von Ungerechtigkeit und Schmerz durchdrungen ist. Die Tragik der Trumpschen Politik ist, dass sie diese Ungerechtigkeit und diesen Schmerz noch weiter vergrößert, auch für ihre Anhänger. Doch ändert dies nichts daran, dass dieses Leiden real ist und die Forderung nach einer anderen Welt enthält.

Wenn sich ein solcher Archimedischer Punkt ermitteln ließe – die Suche nach Beziehung und der Ausdruck echten Leids –, dann könnten von hier aus alternative Lustkulturen und andere Modi geschlechtlicher Körperpraktiken konstruiert werden. Eine solche Aufgabe darf nicht als ein sentimental-naives Projekt à la »Ich denke mich in den Sadisten hinein, bediene seine Fantasien und vergebe ihm seine Gewalt« missverstanden werden. Es geht hier vielmehr um das Finden desjenigen Punkts, von dem aus »Richtungs-Veränderer« zumindest einen Teil der Energie des Ressentiments in Widerstand gegen und Konfrontation mit dem Sadisten unter und in uns umlenken können. In der »quest toward relating« und dem echten Leid an dieser Welt findet sich der Ansatzpunkt, von dem aus die Aggression der Klage der Männlichkeit in Aggression *gegen* eben diese Struktur der Männlichkeit umgeleitet werden kann. Das »schöpferische Nein« des Ressentiments ist der fruchtbare Boden, aus dem eine neue Welt entstehen könnte – eine Welt, in der ich meine Feminisierung, meine Homoerotisierung und meine Regression ohne Verleugnungsnot und Bedrohung genießen könnte; eine Welt auch, in der das Leiden zeitgenössischen Lebens anerkannt, betrauert und repariert werden kann.

15 Ken Corbett, *Boyhoods. Rethinking Masculinities*. New Haven: Yale University Press 2009.

Die Konstruktion einer solchen Welt erfordert eine radikale Umwälzung aller Bedingungen zeitgenössischen Lebens. Wie die US-Aktivistin und Wissenschaftlerin Ruth Wilson Gilmore es in Bezug auf das *prison abolition movement* formuliert: »Abolition requires that we change one thing: everything.« Die Abschaffung faschistischer Männerfantasien braucht Klassenkampf (denn ein Großteil männlichen Ressentiments stammt aus kapitalistischer Ausbeutung und Entfremdung), antiimperialistische Politik (denn der Krieg stellt eine immerwährende Verführung zur lustvollen Gewalt dar), eine grüne Revolution (denn Petromaskulinität bedingt die eskalierende Klimakatastrophe).[16] Hierzu braucht es eine organisierte und kämpferische Widerstandspolitik, die sich den Blick auf die Attraktivität rechtsextremer Fantasieangebote nicht verstellt und sowohl deren Aggressivität als auch deren Nein zum Status quo in den eigenen Dienst nimmt. Die Schaffung neuer Geschlechterfantasien – über Donald Trumps und unsere Männerfantasien hinaus – stellt einen Hebelpunkt einer solchen Politik und einer solchen allumfassenden Umwälzung dar.

16 Cara New Daggett, *Petromaskulinität. Fossile Energieträger und autoritäres Begehren.* Übersetzt von David Frühauf. Berlin: Matthes & Seitz 2023.

Nils C. Kumkar / Uwe Schimank

Wie Arbeitserfahrungen Vorstellungen »guten« politischen Entscheidens prägen

Welche Versuche der politischen Bearbeitung gesellschaftlicher Probleme werden eigentlich als »gute« Politik empfunden? Wie stellen sich Menschen einen gelungenen Modus des Umgangs mit gesellschaftspolitischen Herausforderungen vor – etwa dem Klimawandel, der Migration oder der sich verschärfenden ökonomischen Ungleichheit? Eine äußerst spannende und innovative Antwort darauf hat vor knapp zwanzig Jahren der Schweizer Wirtschaftssoziologe Daniel Oesch vorgeschlagen: Es hängt in hohem Maße von der Beschaffenheit der Probleme ab, mit denen man im Berufsalltag zu tun hat.[1] Berufstätige Menschen lernen im Lauf ihrer Karriere, welche Modi der Problembearbeitung erfolgversprechend sind und welche nicht. Und da der Beruf für sie den bedeutsamsten Teil ihrer Lebensführung ausmacht, übertragen sie diese Modi, ohne sich das zumeist bewusst zu machen, auch auf die Politik. Für Berufstätige zeichnen gute Politikerinnen und Politiker sich also insbesondere dadurch aus, dass sie Probleme mit derselben professionellen »Arbeitslogik« angehen wie sie selbst.

Oesch und andere haben in empirischen Studien für verschiedene westliche Demokratien gezeigt, dass diese Vermutung als sehr plausibel gelten kann – nicht als einziger Erklärungsfaktor, aber doch als ein gewichtiger: Lehrer wollen offenbar anders regiert werden als Ingenieurinnen oder auch als Verwaltungsbeamte. Wie genau anders, und warum, das haben die standardisierten Befragungen, die zu dieser Vermutung bislang durchgeführt wurden, nicht herausgefunden. Um Antworten darauf näher zu kommen,

1 Daniel Oesch, *Redrawing the Class Map. Stratification and Institutions in Britain, Germany, Sweden and Switzerland*. Houndsmills: Palgrave Macmillan 2006; ders., *The Changing Shape of Class Voting. An Individual-Level Analysis of Party Support in Britain, Germany and Switzerland*. In: *European Societies*, Nr. 10/3, 2008. Oesch knüpft hier an Überlegungen an, die sich bei Hanspeter Kriesi (*New Social Movements and the New Class in the Netherlands*. In: *American Journal of Sociology*, Nr. 94/5, März 1989) sowie bei Herbert Kitschelt (*The Transformation of European Social Democracy*. Cambridge University Press 1994) und Herbert Kitschelt / Phillip Rehm (*Occupations as a Site of Political Preference Formation*. In: *Comparative Political Studies*, Nr. 47/12, 2014) finden. Diese sind ihrerseits durch empirische Erkenntnisse von Melvin L. Kohn (*Job Complexity and Adult Personality*. In: David B. Grusky (Hrsg.), *Social stratification. Class, Race, and Gender in Sociological Perspective*. Boulder: Westview Press 2001) sowie Melvin L. Kohn / Carmi Schooler (*Work and Personality*. Norwood: Ablex Publishing 1983) angeregt worden.

haben wir eine – sofern wir nichts übersehen haben, handelt es sich um die erste – Studie durchgeführt, die nichtstandardisierte Daten in Gestalt von Gruppendiskussionen zwischen Personen erhoben hat, die derselben Arbeitslogik verpflichtet sind.[2]

Drei Vorstellungen guten politischen Entscheidens

Oesch unterscheidet anhand von zwei analytischen Dimensionen drei Arbeitslogiken: Hat man es mit Menschen als Arbeitsgegenstand zu tun – oder ist der Arbeitsgegenstand Natur oder Technik? Wenn Letzteres zutrifft, prägt die »technische« Arbeitslogik die berufliche Tätigkeit. Wenn man es demgegenüber mit Menschen zu tun hat: Muss man mit ihnen reden, weil ihre Mitwirkung essenziell dafür ist, was das eigene Arbeitshandeln bewirkt? Oder müssen sich die Gegenüber einer Entscheidung fügen, die man auf der Grundlage geltender Regeln fällt? In dem einen Fall liegt eine »interpersonelle«, in dem anderen eine »organisationale« Arbeitslogik vor.

Alle drei Arbeitslogiken sind analytische Konstrukte, die in Reinform kaum vorkommen. Die meisten Berufe stellen Mischformen dar, und doch kann man festmachen, welchem der drei Pole ein Beruf am nächsten ist.[3] Die drei Berufe, die wir für unsere Untersuchung ausgewählt haben, verkörpern jeweils einen der drei Pole relativ eindeutig: Lehrer an Grundschulen die interpersonelle, Ingenieure die technische und Verwaltungsangestellte des mittleren Dienstes die organisationale Arbeitslogik. Unsere Gruppendiskussionen fanden zwischen je einem halben Dutzend Angehöriger dieser drei Berufe statt, wobei wir die Gruppen bewusst nicht gemischt besetzt haben, um zu ermöglichen, dass die Teilnehmer einander wechselseitig bei der Artikulation der betreffenden Arbeitslogik bestärken.[4]

2 Die Studie wurde von 2023 bis 2024 durchgeführt und vom Forschungsinstitut Gesellschaftlicher Zusammenhalt mit Finanzmitteln des Bundesministeriums für Bildung und Forschung gefördert. Rozalie Böge / Helmut Henkel / Nils C. Kumkar / Serena Pongratz / Uwe Schimank, *Wie hängen » Work Logics«, Vorstellungen gesellschaftlichen Zusammenhalts und politische Orientierungen zusammen? Studienreport.* Bremen: Qualiservice 2024 (media.suub.uni-bremen.de/entities/publication/05f1e01a-92d5-4e63-979e-319c449d59e0).

3 Dies hat sich in nicht wenigen Berufen historisch gewandelt: Ärzte beispielsweise konnten ihre Patienten vor fünfzig Jahren noch eher gemäß einer technischen oder organisationalen Arbeitslogik abfertigen als heute, wo die interpersonelle Arbeitslogik stark in den Vordergrund gerückt ist.

4 Alle drei ausgewählten Berufe gehören der mittleren Mittelschicht an. Auf dieser Ebene gesellschaftlicher Schichtung kommen die Arbeitslogiken am reinsten zum Ausdruck.

Die Diskussionen dauerten zwischen anderthalb und drei Stunden und wurden von uns durch einen Anfangsstimulus eingeleitet: Wir erkundigten uns bei den Teilnehmenden, wie sie die gegenwärtigen gesellschaftlichen Krisen einschätzten und auf welche Weise sie selbst von ihnen betroffen seien. Die Frage war bewusst sehr offen gestellt, damit die Gruppen ihre eigenen inhaltlichen Relevanzen zum Ausdruck bringen konnten, und dies auch in einer Diskussionsform, die ihnen entspricht. Wir selbst haben uns so weit wie möglich auf die Rolle der Zuhörenden zurückgezogen. Diese Anlage der Diskussionen ermöglicht es, dass sich kollektiv geteiltes Wissen herausschält, und zwar auch und gerade in Gestalt latenter, den Betreffenden gar nicht explizit bewusster Orientierungen. Genau diese impliziten Deutungsmuster sind mit üblichen Befragungen kaum zu ermitteln. Mit Blick auf Politikinhalte ist es dabei irrelevant, ob die Diskutierenden sich bei einem Thema einig sind oder nicht. Uns interessiert vielmehr der Diskussionsmodus, auf den sie sich einigen können und den sie, wie zu vermuten ist, auch von der Politik erwarten.

Ein schneller, oberflächlicher Vergleich der drei Gruppendiskussionen ergibt zunächst ein homogenes Bild: Lehrer, Ingenieure und Verwaltungsangestellte sind sich darin einig, dass wir tatsächlich in einer Zeit der »Polykrisen« leben,[5] die zu starken politischen Polarisierungen geführt hat, was allen Diskussionsteilnehmern große Sorgen macht. Wenn man dann allerdings genauer hinhört, auch auf Zwischentöne und die Art und Weise, wie bestimmte Einschätzungen und Sorgen zum Ausdruck gebracht werden, wird es spannend. Dann zeigen sich nämlich große Unterschiede hinsichtlich der Fragen, worin genau die Krisenhaftigkeit der gesellschaftlichen Situation gesehen wird, was die Politik im Umgang mit diesen Krisen falsch macht und wie eine bessere Politik auszusehen hätte. Lehrer und Ingenieure liegen hier am weitesten auseinander, die Verwaltungsangestellten wiederum positionieren sich zwischen den beiden anderen Gruppen.

Bereits die Art und Weise, wie die drei Berufsgruppen ungeachtet ihrer inhaltlichen Assoziationen auf unseren Eingangsstimulus reagieren, zeigt ein sehr unterschiedliches Handling von Problemen. Entscheidungssoziologisch

Denn Berufe der oberen Mittelschicht oder der Oberschicht haben oftmals auch oder überwiegend Leitungsaufgaben, wodurch die organisationale Arbeitslogik auch in Berufen der anderen beiden Arbeitslogiken Gewicht besitzt oder sogar vorherrscht; und umgekehrt sind die Unterschiede und prägenden Wirkungen der drei Arbeitslogiken in den Berufen der unteren Schichten aufgrund der geringen Arbeitsautonomie nicht so stark ausgeprägt.

5 Adam Tooze, *Kawumm!* In: *Zeit* vom 14. Juli 2022.

betrachtet stellt unser Stimulus ein »schlecht-definiertes Problem« dar.[6] Genau das monieren die Ingenieure und verlangen, dass die Interviewerin das Problem klarer benennt: Was genau soll alles als »Krise« verstanden werden, und was heißt »gegenwärtig«? Sonst laufe die Diskussion ja auf »Stammtischgerede« hinaus. Als die Interviewerin sich weigert, diese Spezifizierungen vorzugeben, entschließen sie sich, das selbst in die Hand zu nehmen – und beginnen dann erst die eigentliche Diskussion. Weder die Lehrer noch die Verwaltungsangestellten haben demgegenüber Rückfragen zu der ihnen gestellten Aufgabe. Die Lehrer steigen ohne irgendwelche Schwierigkeiten sofort in die Diskussion ein, indem sie einander zunächst vor allem über ihre emotionalen Befindlichkeiten angesichts der verschiedenen Krisen berichten und so in einen intensiven Austausch kommen. Die Verwaltungsangestellten schließlich betonen erst einmal, dass sie persönlich von den Krisen, über die sie sprechen, wenig oder gar nicht betroffen seien, um sie dann mit hinreichender Distanz näher betrachten zu können.

Die Analyse dieser Arten der Diskussionsführung gibt erste Hinweise auf berufstypische Prägungen: Die Lehrer nehmen das »schlecht-definierte« Problem so, wie es ist, lassen es also in seiner Diffusität und seinen Ambivalenzen stehen, indem sie beides als nun einmal gegebene Ausgangslage akzeptieren. Genau so ist Unterrichtsgeschehen als interpersonelle Komplexität beschaffen – auch wenn es gelungen ist, Schülern erfolgreich den Unterrichtsstoff beigebracht zu haben, bleibt diese Komplexität bestehen, wird sozusagen nur produktiv umkonfiguriert. Dahinter steht das irreduzible pädagogische »Technologiedefizit«:[7] Soziale Interaktion ist keine »triviale Maschine«,[8] die – wie ein Getränkeautomat – zuverlässig ganz bestimmte Inputs in ganz bestimmte Outputs transformiert.

Die Ingenieure formen das »schlecht-definierte« Problem in ein ihnen als gut definiert erscheinendes um, indem sie es mit Blick auf einen anzustrebenden Zielzustand – hier: ein möglichst klares Diskussionsergebnis – handhabbar machen. Das bedeutet: Reduktion der mit ihren Mitteln nicht handhabbaren konturlosen Problemkomplexität auf eine konturierte Gestalt, die sie mit ihren Werkzeugen angehen können. All das, was sich dieser Gestalt nicht fügt, sondern die Arbeit daran stört, wird möglichst ausgeblendet

6 Werner Kirsch, *Entscheidungsprozesse*. Bd. 2: *Informationsverarbeitungstheorie des Entscheidungsverhaltens*. Wiesbaden: Gabler 1971.

7 Niklas Luhmann / Karl-Eberhard Schorr, *Reflexionsprobleme im Erziehungssystem*. Stuttgart: Klett-Cotta 1979.

8 Heinz von Foerster, *Principles of Self-Organization – In a Socio-Managerial Context*. In: H. Ulrich / G. J. B. Probst (Hrsg.), *Self Organization and Management of Social Systems*. Berlin: Springer 1984.

oder zumindest als Störquelle neutralisiert. Nur so kann zuverlässig funktionierende Technik gestaltet und funktionsfähig gehalten werden: als triviale Maschine – die freilich, wie zum Beispiel ein selbstfahrendes Auto, aus hochgradig kompliziert ineinandergreifenden Komponenten bestehen kann – beziehungsweise als größtmögliche Annäherung daran.

Auch die Verwaltungsangestellten reduzieren die Komplexität des »schlecht-definierten« Problems, um es handhaben zu können – aber ganz anders als die Ingenieure. Die Distanzierung, die dem »bürokratischen Ethos« (Max Weber) innewohnt, dient nicht nur dazu, »sine ira et studio« agieren zu können, also nicht emotional überwältigt zu werden (während Lehrer hingegen Emotionalität in gewissem Maße als unerlässlich erachten, um Empathie gegenüber den Schülern aufbauen zu können). Wichtiger noch ist, dass die Distanzierung Verwaltungsangestellten ermöglicht, Zuständigkeiten zu erkennen und einzuhalten: Um welche Probleme muss ich mich überhaupt kümmern, und um welche Aspekte dieser Probleme – und was geht nicht mich, sondern andere Organisationen und Organisationseinheiten etwas an? Verwaltungsarbeit besteht also ganz wesentlich darin, Probleme, die an einen herangetragen werden, auf das abzuschichten, was man den geltenden rechtlichen Regeln entsprechend routineförmig bearbeiten kann.

Der weitere Verlauf der Gruppendiskussionen bestätigt und vertieft dieses Bild. Für die Lehrer als Repräsentanten der interpersonellen Arbeitslogik sind alle von ihnen angesprochenen Krisen – am prominentesten der Klimawandel, die Corona-Pandemie, der Ukrainekrieg und der Rechtspopulismus – Krisen von Gemeinschaftlichkeit. Diese reicht, je nach betrachtetem Phänomen, von der Nachbarschaft oder der Freundesclique über den Nationalstaat bis zur Menschheit als Gemeinschaft. Dieser sehr generellen Problemsicht entspricht eine stark fokussierte Ursachenfeststellung. Der – wie man sagen könnte – Gemeinschaftlichkeitsschwund wird vor allem auf ein Erstarken von individuellem Egoismus in allen gesellschaftlichen Sphären und Gruppen zurückgeführt. So auch – in der Wahrnehmung der Lehrer – in der Politik: Politiker fühlten sich nicht mehr dem Gemeinwohl verpflichtet, sondern seien immer mehr nur noch an der eigenen Karriere interessiert; und auf dieser Linie agierten dann auch Parteien, mit fruchtlosem destruktivem Streit untereinander, der die drängenden Probleme nicht angehe.

Gemeinschaftlichkeit bedeutet dabei für die Lehrer keineswegs einen umfassenden Konsens in sämtlichen Lebensfragen – sie heben die Produktivität von Dissens sogar ausdrücklich hervor. Als Wettstreit des Gegebenen mit ins Spiel gebrachten Alternativen besitze er ein großes Verbesserungspotenzial. Genau solch produktiver Dissens sei das Grundprinzip von Demokratie, das in der Praxis aber immer mehr verlorengehe. Dieser Problemdiagnose des politischen Umgangs mit gesellschaftlichen Problemen stellen die Lehrer folgerichtig Deliberation als adäquaten Modus gegenüber: einen auf Verständigung abzielenden, geduldigen, zeitaufwändigen Dialog, der – in Jürgen Habermas' berühmter Formulierung – idealiter nur den »zwanglosen Zwang des besseren Arguments« kennt.[9] Insbesondere gehören dazu ein »good opening«,[10] also der Einbezug möglichst vieler unterschiedlicher Sichtweisen des jeweiligen Problems, und eine empathische und lernbereite Einstellung aller gegenüber den Sichtweisen der jeweils Anderen.

Die Ingenieure zerlegen dieselben Krisen, etwa den Klimawandel, durchgängig in viel kleinteiligere Probleme, wie zum Beispiel das Design eines städtischen Radwegenetzes, das hinreichend attraktiv ist, damit Bürger öfter das Rad statt des Autos nehmen. Auf dieses Konkretionsniveau begeben sich die Lehrer in unserer Gruppendiskussion nur einmal, nämlich wenn es um die Umwelterziehung ihrer Schüler geht. Die gesellschaftliche Krisendiagnose der Ingenieure besteht also in der Feststellung, dass sich die Politik nicht in der Lage zeige, überbordende Komplexität in Probleme kleinzuarbeiten, deren Bearbeitung planvoll angegangen werden könne. Die Planlosigkeit der Politik zeigt sich den Ingenieuren dabei in verschiedenen Facetten: kurzsichtige Reaktionen auf Probleme, wodurch diese nur verschärft werden; schlechte Implementation der beschlossenen Maßnahmen zur Problembearbeitung, weil man zu vielen zu inkompatiblen Interessen gerecht zu werden versucht; und längerfristig miteinander konfligierende Ansprüche, ohne dass klare Prioritäten gesetzt werden.

Während die Lehrer also möglichst viele mitnehmen wollen, halten die Ingenieure das für unmöglich und setzen stattdessen auf sachangemessene Entscheidungen, die unvermeidlich die einen bevorzugen und andere benachteiligen. Diese Entscheidungen sollen nicht willkürlich, sondern begründet sein – aber nicht durch partikulare Interessen, sondern durch gesellschaftliche Funktionserfordernisse und technische Machbarkeit. Gesellschaftliche Funktionserfordernisse sind gewissermaßen das Gemeinwohlverständnis der Ingenieure – im Unterschied zur von den Lehrern propagierten Verständigung in der Interessenvielfalt. Technische Machbarkeit heißt für die Ingenieure konzeptionell: Planbarkeit. Sie wollen Politik an Zweckprogrammen

9 Jürgen Habermas, *Vorbereitende Bemerkungen zu einer Theorie der kommunikativen Kompetenz*. In: Ders. / Niklas Luhmann, *Theorie der Gesellschaft oder Sozialtechnologie – Was leistet die Systemforschung?* Frankfurt: Suhrkamp 1971.

10 Orrin E. Klapp, *Opening and Closing. Strategies of Information Adaptation in Society*. Cambridge University Press 1978.

ausrichten –[11] und zwar an solchen, die klare Ziele formulieren und in kurz-, mittel- und langfristig erreichbaren »milestones« operationalisieren. Alles, was sich nicht in dieses Schema fügt, bleibt unberücksichtigt – weil man nach Ansicht der Ingenieure nur so dazu kommt, überhaupt problembearbeitungsfähig zu werden. Dies ist eine Strategie des »good closing« (Klapp) – fundamental anders als das von den Lehrern präferierte »good opening«. Letztere nehmen, wissentlich oder unwissentlich, das Risiko in Kauf, kein Ende zu finden. Die Ingenieure hingegen handeln sich, wiederum wissentlich oder unwissentlich, umgekehrt das Risiko ein, Wichtiges zu übersehen und dadurch böse Überraschungen zu erleben.

Die Verwaltungsangestellten schließlich teilen gesellschaftliche Probleme nach Zuständigkeiten auf, einschließlich der vorgeschriebenen Information, Beteiligung und Mitentscheidung anderer Organisationseinheiten und Organisationen sowie auch der entscheidungsbetroffenen Bürger. Das Motto hier lautet: Wenn alle Zuständigkeiten ineinandergreifen, funktioniert die Bearbeitung gesellschaftlicher Probleme. Alles, was darüber hinaus an gesellschaftlichen Krisen öffentlich thematisiert wird, ist »übertriebenes« Gerede, insbesondere von Journalisten und durch diese in Zugzwang gebrachten Politikern. Beide reden den Bürgern sozusagen Phantomschmerzen ein, um sich selbst Sichtbarkeit und Attraktivität zu verschaffen, und erschweren dadurch der Verwaltung die Problembearbeitung. Diese Diagnose des faktischen Umgangs der Politik mit gesellschaftlichen Problemen – Eigeninteressen der Politiker gehen vor Gemeinwohl – deckt sich mit den Sichtweisen der anderen beiden Berufsgruppen. Dem entgegengestellt wird die eigene Rolle als Sachwalter des Gemeinwohls, der über den Partikularinteressen sowohl der Bürger als auch der Politiker steht – ähnlich wie sich die Ingenieure als diejenigen verstehen, die Naturgesetze gesellschaftsdienlich einzuspannen verstehen.

Was die Naturgesetze, deren man sich möglichst erfindungsreich bedienen muss, für die Ingenieure sind, sind menschengemachte Gesetze für die Verwaltungsangestellten – vor allem in Gestalt von administrativen Konditionalprogrammen,[12] die für spezifizierte Anlässe wie zum Beispiel den Antrag auf eine Baugenehmigung bestimmte Prüfungen vorsehen, aus denen sich dann eine Genehmigung oder Nichtgenehmigung des Antrags ergibt. Erfindungsreichtum ist hier gerade nicht verlangt, sondern zuverlässige Durchsetzung geltender Regeln, die zwar auch eine gewisse Kreativität verlangt, aber stets

11 Niklas Luhmann, *Zweckbegriff und Systemrationalität*. Frankfurt: Suhrkamp 1973.

12 Niklas Luhmann, *Lob der Routine*. In: Ders., *Politische Planung. Aufsätze zur Soziologie von Politik und Verwaltung*. Opladen: Westdeutscher Verlag 1971.

der situativen Regelauslegung dient. Diese Zuteilung und Bearbeitung gesellschaftlicher Probleme nach administrativen Zuständigkeiten lässt allerdings zum einen alle Problemaspekte außen vor, für die es keine Zuständigkeit gibt; zum anderen laufen die Interfaces zwischen geteilten Zuständigkeiten oft auf eine bloße »negative Koordination«[13] hinaus: Jede zuständige Verwaltungseinheit achtet lediglich darauf, dass ihren Kriterien Rechnung getragen wird – bei Konflikten mit anderen Einheiten sucht man zunächst einmal nicht nach Kompromissen, sondern agiert als »veto player«;[14] schon gar nicht wird von vornherein im übergreifenden Interesse der Sache nach Lösungen gesucht. Wobei die Verwaltungsangestellten dazu neigen, die je gegebene Zuständigkeitsstruktur als »Team«, also als funktional im Sinne einer sachgerechten Bewältigung der gesellschaftlichen Probleme anzusehen. Hier sind auch sie – wie schon für die anderen beiden Berufsgruppen gezeigt – Apologeten der eigenen Arbeitslogik und deren jeweiliger selektiver Fokussierung gesellschaftlicher Komplexität.

Man sieht also: Hinter der scheinbar geteilten Diagnose gesellschaftlicher Spaltung und politischer Polarisierung als Folge multipler Krisen stecken sehr weit auseinandergehende Argumentationsfiguren dazu, was den Kern der Krisenhaftigkeit und das Versagen der gegenwärtigen Politik ausmacht und wie Politik eigentlich auszusehen hätte.

Selbstdarstellungsprobleme politischer Parteien

Für das Verständnis von Wahlentscheidungen heißt die Botschaft unserer Studie erst einmal: Nicht nur, *was* als politische Maßnahmen zur Bearbeitung gesellschaftlicher Probleme angeboten wird, sondern auch, *wie* diese Maßnahmen von den Politikern erarbeitet und dann kommunikativ vertreten werden, ist wichtig dafür, bei welchen Berufsgruppen man damit ankommt. Im Grenzfall kann es sogar so sein, dass Maßnahmen inhaltlich gegen die Interessen bestimmter Wähler laufen, diese aber dennoch ihre Präsentationsweise wohlwollend aufnehmen – und andersherum. Einiges spricht zum Beispiel dafür, dass das berühmt-berüchtigte Heizungsgesetz der Ampelregierung inhaltlich eine sehr ingenieurshafte, also der technischen Arbeitslogik folgende Handschrift trug, der sehr diskursive, also an der interpersonellen

13 Fritz W. Scharpf, *Komplexität als Schranke der politischen Planung*. In: Ders., *Planung als politischer Prozeß. Aufsätze zur Theorie der planenden Demokratie*. Frankfurt: Suhrkamp 1973.

14 George Tsebelis, *Veto Players. How Political Institutions Work*. Princeton University Press 2002.

Arbeitslogik ausgerichtete politische Kommunikationsstil der Grünen aber vollkommen an dem entsprechenden Publikum vorbeiredete.

Für die Empörung, die das Gesetz bei bestimmten Bevölkerungsgruppen auslöste, bietet Oeschs These somit ein Erklärungsangebot, das in der öffentlichen Debatte bisher kaum zu vernehmen war. Wenn politische Kommunikation aber tatsächlich zu derart konflikthaften Interferenzen zwischen unterschiedlichen Arbeitslogiken bei Sendern und Empfängern führen kann, spricht vieles dafür, sich einmal die Kommunikationsstile der deutschen Parteien in der jüngeren Vergangenheit in Hinblick auf diese Fragestellung genauer anzusehen. Auch wenn uns dazu kein einschlägiges empirisches Material vorliegt, wollen wir das hier zumindest skizzenhaft versuchen.

Die Wahlkommunikation der CDU zur letzten Bundestagswahl war, zumindest was die öffentlich wahrnehmbaren Beiträge anging, programmatisch wenig eindeutig – überhaupt würden wir den Stil dieser Partei als vor allem auf Formfragen fokussiert beschreiben.[15] Man fordert Recht und Ordnung, betont die Beachtung geltender Regeln; selbst wo man sie ändern will, begründet man das mit Regeln höherer Ordnung, und überhaupt demonstriert man Sachlichkeit. Unverkennbar hat bei dieser Volkspartei, deren Mitglieder wie Wähler sich aus allen Fraktionen der Mittelschicht rekrutieren,[16] die organisationale Arbeitslogik das Primat. Dass in der späteren Amtszeit von Angela Merkel mitunter ein diskursiverer Stil der Außendarstellung gepflegt wurde, mag dazu beigetragen haben, dass die Partei heute so sehr mit diesem Erbe hadert, weil diese Konzession an die interpersonelle Arbeitslogik den Ruf der CDU als »Partei der Ordnung« beschädigt hat.

In der SPD bedeutete der bewusste Schritt von der Arbeiter- zur Volkspartei in der zweiten Hälfte des 20. Jahrhunderts vor allem eine Transformation zur Beamten-, insbesondere Lehrerpartei. Im Jahr 2022 waren 44 Prozent der Parteimitglieder Beamte oder Angestellte im öffentlichen Dienst, nur noch

15 Das wird inhaltlich flankiert durch eine sehr viel krawalligere CSU, auf die wir hier nicht näher eingehen, und eine vor allem in die ohnehin schon loyale Anhängerschaft wirkende, programmatisch kämpferischere Kommunikation rechtskonservativer Kreise.

16 Sogar aus der oberen, zu der der CDU-Vorsitzende Friedrich Merz sich ja gegen alle sozialstrukturellen Definitionen zählt. Das verweist mit einem Augenzwinkern auf die Gruppe des leitenden Managements und der Unternehmer, die für die Problembearbeitungsweise der CDU ebenfalls prägend sein dürften – und noch stärker für die FDP, die wir in diesem Aufsatz allein deshalb außen vor lassen, weil wir den vertikalen Vergleich mit den Unternehmern und Arbeitern, der in unserem Projekt ebenfalls eine Rolle spielte, ausklammern, um uns auf den horizontalen Vergleich der Arbeitslogiken in der Mittelschicht konzentrieren zu können.

16 Prozent waren Arbeiter.[17] Allerdings spiegelt sich das in der öffentlichen Kommunikation nicht in dieser Eindeutigkeit, sondern oft gebrochen wider. Gerade die wirtschaftspolitisch rechteren Teile der Partei nutzen nach außen eine Basta-Rhetorik, die vor allem die technische Arbeitslogik bedienen dürfte und gemeinhin als besonders arbeiterlich gilt, während die linkeren Gruppierungen nahe am deliberativen Modus der interpersonellen Arbeitslogik operieren, was den Anschluss an die Grünen und die Linken einfacher macht. Es wäre eine Spur, der nachzugehen sich lohnen könnte, ob diese Konstellation in den vergangenen Jahren nicht womöglich dazu beigetragen hat, dass das vom rechten Flügel immer wieder versuchte kommunikative Zugehen auf die »kleinen Leute«, die ehemalige Hauptklientel der Partei, die SPD wiederholt eher in Richtung einer großen Koalition mit der CDU getrieben hat, womit der linke Parteiflügel dann schnell haderte.

Die Grünen wiederum sind vielleicht der klarste Fall einer Partei, die ihr Publikum ganz dominant deliberativ anzusprechen sucht. Das stiftet ein gespalten-vertrauliches Verhältnis zum Journalismus, weil es genau dessen Berufsethos aufgreift. Das kann allerdings auch zu Ungunsten der Grünen ausschlagen, wenn sich die Stimmung in der Bevölkerung gegen diesen Stil zu drehen scheint und die Grünen dann zum Ersatzobjekt der Selbstkritik der Kommentatoren werden. Hier zeigt sich eine wichtige Besonderheit des deliberativ-diskursiven Stils der interpersonellen Arbeitslogik gegenüber den anderen beiden Logiken. Anders als diese ist er einerseits prinzipiell in der Lage, die jeweils anderen Perspektiven in seine Erörterungen einzubeziehen und nicht sogleich als Unsinn von sich zu weisen; andererseits kann er aber genau deshalb viel schneller unter Heucheleiverdacht geraten – auch aus sich selbst heraus, gerade wenn diese Form der Kommunikation aus einer Regierungs- und damit Machtposition erfolgt.[18]

Zusätzlich verkompliziert wird die Lage der Grünen dadurch, dass sie aktuell von Seiten der Partei Die Linke unter Druck geraten. Diese hat nach

17 Oskar Niedermayer, *Die soziale Zusammensetzung der Parteimitgliederschaften*. Bonn: Bundeszentrale für politische Bildung vom 21. Oktober 2022 (www.bpb.de/themen/parteien/parteien-in-deutschland/zahlen-und-fakten/140358/die-soziale-zusammensetzung-der-parteimitgliederschaften/)

18 Diese Ambivalenz zieht sich übrigens auch durch diesen Text selbst: Wir als Soziologen, aber auch die meisten Leser des *Merkur*, sind selbst von einer interpersonellen Arbeitslogik geprägt. Diese führt uns einerseits in vielerlei Hinsicht sehr nah an den von den Lehrern bevorzugten Politik- und Diskussionsstil heran, macht uns aber andererseits genau gegenüber dessen Begrenztheit misstrauisch. Wenn wir uns also redlich bemühen, hier die Stärken und Schwächen der jeweiligen Sichten herauszustellen, mag das aus der Perspektive einer anderen Arbeitslogik geradezu oberlehrerhaft wirken.

dem Weggang des Wagenknecht-Flügels, in dem die technische und organisationale Arbeitslogik vorherrscht, auch in gesellschaftliche Wählergruppen expandiert, die bis dahin zu den Grünen tendiert hatten – also Berufsgruppen, die der interpersonellen Arbeitslogik unterliegen, aber von den aus ihrer Sicht in der Ampelkoalition zu handzahm gewordenen Grünen enttäuscht sind. Allerdings mit einer Wendung, die dort ebenso wie bei SPD und CDU fehlt: Das öffentliche Auftreten der Linken war und ist eindeutig konfliktorientiert. Das Wahlprogramm stand unter dem Motto »Alle wollen regieren, wir wollen verändern!« Auch auf den Plakaten wurden immer wieder »die anderen« und »die Politik« – also der bisherigen und neuen Regierungsparteien – zum Gegenstand der Kritik gemacht.

Das greift ein Verhältnis zur Politik auf, das uns in einer Gruppendiskussion mit Servicearbeiterinnen aufgefallen ist, die wir als Vergleichsfall zu den Mittelschichtendiskussionen erhoben hatten, und eher mit der erlebten gesellschaftlichen Ohnmacht – auch am Arbeitsplatz – als mit einer der Arbeitslogiken im engeren Sinne zusammenhängen dürfte: dass nämlich Politik generell weniger als Problembearbeitung wahrgenommen wird, die auch einem selbst zugutekäme, denn als Problem, gegen das man sich im besten Fall in engen Grenzen zur Wehr setzen kann. In den Diskussionen wurde das unter anderem an einem sprachlichen Gestus deutlich: Während bei den Mittelschichtsfraktionen und insbesondere bei den Lehrern immer wieder von einem »Wir« gesprochen wurde, wenn es um Politik ging und Probleme von »uns als Gesellschaft« verhandelt wurden, sprachen die Servicearbeiterinnen konsequent in der dritten Person Plural von »denen«, wenn es um Politik ging.

Wie die SPD wird auch Die Linke nach wie vor von zwei Flügeln getragen, wobei aber eben neuerdings und vermutlich auf Dauer der die interpersonelle Arbeitslogik bedienende Flügel die Oberhand gewonnen hat, dessen genaues Verhältnis zur arbeiterlichen Perspektive auf Politik, die bislang zumindest rhetorisch weiterhin zelebriert wird, noch nicht ausgemacht ist. Es könnte darauf hinauslaufen, dass das sozialistische Erbe sich in einen Salonmarxismus von Intellektuellen transformiert, der zwar noch mit dem Anspruch auftritt, die Interessen der Arbeiterschaft zu bedienen, während er tatsächlich die Fühlung zu diesem Milieu längst verloren hat.

Im Hinblick auf die Konfliktorientierung steht Die Linke in Konkurrenz zur AfD, die ähnliche Themen und Forderungen, aber eben viel eher mit bierernsten direktiven Ansprachen und sehr viel weniger Ironie, einschließlich Selbstironie, artikuliert, also im Wie der Kommunikation mit Anleihen bei der organisationalen und der technischen Arbeitslogik. Die Grünen wiederum sind für die AfD nicht nur bezüglich ihrer Politikinhalte, sondern vor allem in ihrem Politikmodus der Hauptfeind;[19] und das dürfte sich gerade auch dadurch weiter verfestigen, dass demoskopisch keine Konkurrenz zwischen diesen beiden Parteien besteht, man also nicht um Milieus und Generationen wirbt, die man mit dieser Feindschaft verschrecken könnte.

Aus dieser Skizze sollte schon deutlich geworden sein, dass keine Partei in der kommunikationsstrategisch luxuriösen Situation ist, in ihrem Politikstil eindeutig nur eine einzige der drei Arbeitslogiken ansprechen zu müssen. Selbst die Grünen, die am ehesten eine diesbezüglich homogene Wählerschaft haben, müssen, zumindest solange sie in Richtung Volkspartei expandieren wollen, auf Wählergruppen mit anderen Arbeitslogiken zugehen. CDU und SPD haben das Problem schon immer gehabt. Die Linke und die Grünen machen einander starke Konkurrenz um Wählergruppen, die durch die interpersonelle Arbeitslogik geprägt sind, so dass auch die Linken, wenn sie expandieren wollen, sich anderen Arbeitslogiken wieder werden öffnen müssen.

Was aber können Parteien tun, die Wähler aus Berufsgruppen ansprechen wollen oder müssen, die verschiedenen Arbeitslogiken folgen? Wenn sie Lehrer überzeugen wollen, müssen sie eine Ansprache wählen, die Ingenieure irritiert – und umgekehrt. Wie geht eine Partei mit dieser Schwierigkeit um?

Theoretisch denkbar sind vor allem drei unterschiedliche Strategien, die sich allerdings nur analytisch unterscheiden lassen und in der Regel in Kombination auftreten. Zum einen kann man versuchen, Inhalt und Form zu trennen, indem man die Art der Wähleransprache an einer anderen als der für die aktuellen politischen Vorhaben eigentlich naheliegenden Arbeitslogik orientiert. Das muss nicht immer und sofort ein Problem darstellen, sondern kann durchaus zumindest einige Zeit funktionieren: Gerhard Schröder stand zum Beispiel der vielleicht eindeutigsten Koalition der interpersonellen Arbeitslogik in der bundesrepublikanischen Geschichte vor. Das prägte auch viele politischen Inhalte, womit vor allem die Organisationen der Arbeiter und der entsprechende parteiinterne Flügel immer wieder vor den Kopf gestoßen wurden. Schröders Basta- und Hol-mir-mal-'ne-Flasche-Bier-Kommunikationsstil war wohl nicht zuletzt ein Versuch, genau diese Wählergruppe bei der Stange zu halten – was sich spätestens mit den Hartz-Reformen als nur begrenzt erfolgreich erwies.

Diese Form der gemischten Ansprache ist allerdings wohl selten so klar nach Form und Inhalt separiert worden, sondern wird meist mit einer innerparteilichen Arbeitsteilung praktiziert. Die ursprüngliche SPD-Doppelspitze aus dem intellektuellen Parteivorsitzenden Oskar Lafontaine und

19 Steffen Mau / Thomas Lux / Linus Westheuser, *Triggerpunkte. Konsens und Konflikt in der Gegenwartsgesellschaft*. Berlin: Suhrkamp 2023.

Wählen Sie Ihre Buchprämie

Hey guten Morgen, wie geht es dir?
Martina Hefter

Warum wir sterben
Venki Ramakirshnan

Stürzende Imperien
Peter Heather,
John Rapley

25EIN

Entgelt zahlt Empfänger

Absender

Vorname, Name

Straße und Hausnummer

PLZ und Ort

Telefon (optional für Rückrufe)

E-Mail

Deutsche Post
ANTWORT

Leserservice
Verlag Klett-Cotta
Postfach 13 63
82034 Deisenhofen

Aboservice
+49 (0) 89 / 85 853 – 868 | klett-cotta@cover-services.de

dem populistischen Kanzler Gerhard Schröder war genau so angelegt, um unterschiedliche Stilpräferenzen verschiedener Wählergruppen zu bedienen. Wie der baldige Bruch dieser Doppelspitze allerdings dokumentiert, führen solche Arbeitsteilungen leicht zu Konflikten nach innen und Misstrauen von außen, weil stets der Verdacht im Raum steht, dass die eine Logik nur *window-dressing* für die andere und somit Letzterer dauerhaft untergeordnet ist.

Eine zweite Möglichkeit des Umgangs mit Wählergruppen, die unterschiedlichen Arbeitslogiken anhängen, ist die Varianz nach Sachthemen der politischen Bearbeitung – also unterschiedlichen Modi der politischen Problembearbeitung und Kommunikation in verschiedenen Ressorts. Dieser Lösung kommt entgegen, dass sie in den tradierten Kommunikationskulturen der jeweiligen Ministerien und parlamentarischen Ausschüssen ein Stück weit angelegt ist. Wer also beispielsweise zur Sicherheitsexpertin einer Partei wird, wird über den Austausch mit den anderen Sicherheitspolitikern und erst recht als Chefin des entsprechenden Hauses in Problembearbeitungs- und Kommunikationsroutinen sozialisiert, die eben Stilaffinitäten mit bestimmten Arbeitslogiken haben. Eine solche Arbeitsteilung nach Politikfeldern stößt allerdings dann an ihre Grenzen, wenn sich Wählergruppen, die von einer bestimmten Arbeitslogik geprägt sind, auch für Politikfelder interessieren, in denen ihre Partei eine ganz andere Arbeitslogik zu bedienen versucht. Das kann Misstrauen säen: Die Partei weiß nicht, was sie will – oder, noch schlimmer, sie heuchelt.

Drittens schließlich kann man versuchen, die Ansprache mehrerer Arbeitslogiken zeitlich zu sequenzieren. In der Tradition der Arbeiterbewegung war das Bündnis aus Intelligenz und Arbeiterklasse, und damit die Kombination unterschiedlicher präferierter Politikstile, als utopisches Projekt in die Zukunft projiziert worden. Die Intellektuellen beteuerten das ehrliche Bemühen darum, zu denken wie ein Arbeiter, gaben sich ganz auf der Linie der interpersonellen Arbeitslogik empathisch für die technische Arbeitslogik, während die Arbeiter durch Teilnahme an vielfältigen Bildungs- und Kulturangeboten an die Denkwelt der Intellektuellen herangeführt werden sollten. Bis heute lassen sich ähnliche Argumentationsfiguren unter anderem in der Linkspartei ausmachen, wann immer der Haustürwahlkampf beschworen wird.

Die Regel ist aber eher ein pragmatisches zeitliches Abwechseln der bedienten Arbeitslogiken in der stillschweigenden Hoffnung, dass die unterschiedlichen Wählergruppen dieses Vorgehen aus Loyalität hinnehmen – sogar dann, wenn im Wahlkampf die Sprache von Wählergruppen übernommen wird, die der Partei bis dahin nicht so nahestanden, sich also eigentlich noch keine

Ansprüche auf Ansprache erworben haben. Solch eine Strategie ist freilich eine offene Wette und kann auch so enden, dass sowohl die Stammwähler als auch neu angesprochene Wählergruppen misstrauisch werden.

Dass all diese Bearbeitungsweisen des Problems unvermeidlich – und nicht nur bei mangelhafter Umsetzung – ihre Tücken haben, kann man aus der Sicht der PR-Abteilungen der politischen Parteien bedauerlich finden. Aus demokratietheoretischer Sicht könnte man es allerdings genauso als gute Nachricht verbuchen, weil es eben die Begrenztheit der Freiheitsgrade bei der politischen Repräsentation gesellschaftlicher Gruppen anzeigt. Einerseits sind die Parteien nicht darauf angewiesen, eins zu eins dem Stil und den Interessen klar definierter gesellschaftlicher Gruppen zu entsprechen, gerade weil Stil und Inhalt in Spannung treten können. Andererseits sind die Angehörigen dieser Gruppen eben auch nicht an die Parteien gebunden, die sie zu vertreten meinen, und zugleich durchaus in der Lage, einzuschätzen, wo eine Partei versucht, ihnen Problemlösungen kommunikativ unterzujubeln, die ihnen widerstreben. Denn die Art der Präsentation von Politik dürfte zumindest dauerhaft nicht darüber hinwegtäuschen, dass die so angesprochene Klientel in ihren Interessen an bestimmten Politikinhalten über den Tisch gezogen wird; auch die Sensibilität gegenüber den arbeitsalltäglich geprägten Stilen der Politik, die wir hier ja nur an den verschiedenen Fraktionen der mittleren Mittelschicht untersucht haben, die aber bei den anderen sozialen Lagen mindestens genauso ausgeprägt sein dürfte, entzieht sich der bewussten Manipulation. Auch in Zeiten hochgradig professionalisierter PR-Beratung und Politikinszenierung erkennen die Wähler intuitiv beispielsweise in der Sozialdemokratie noch die Arbeitslogik der Lehrer, wo immer diese in der Partei den Ton angeben. Das ironische Diktum Bertolt Brechts zum 17. Juni 1953, ob es nicht einfacher wäre, wenn die Regierung ihr Volk auflöste und sich ein neues wählte, greift als Kritik eben auch hier: Wer sich Sorgen darum macht, bestimmte soziale Gruppen nicht mehr zu erreichen, der sollte sich fragen, ob das Problem nicht ganz buchstäblich bei ihm selbst liegt – und die Lösung viel eher darin besteht, eben diese sozialen Gruppen in die Politik zu holen, als darin, ihnen diese Politik besser erklären zu wollen.

Thorsten Holzhauser

Vom »Osten« und vom Ankommen in der Demokratie

»Der Osten« ist und bleibt ein wiederkehrendes Thema der öffentlichen Debatte in Deutschland. Die einen versuchen immer wieder aufs Neue zu zeigen, dass die DDR mehr war als Mauer und Stasi, nämlich ein Ort der »Chancen und Zugehörigkeit« für seine Bürgerinnen und Bürger.[1] Sie treten damit einem Narrativ der 1990er Jahre entgegen, das in der wissenschaftlichen Debatte längst aufgegeben ist, in der politischen Diskussion aber nachwirkt. Zugleich finden diese Deutungen in einem Diskurskontext statt, der »Ostdeutschland« zu einem dezidiert antiwestlichen Erinnerungsort macht, der in dieser konstruierten Form anschlussfähig ist für allerlei illiberale politische Ideologien der Gegenwart. Bis hin in die Fußballstadien Dresdens, Aues und Rostocks, wo der rhythmische Ruf »Ost-, Ost-, Ostdeutschland« ostdeutsche Identitätsbildung mit »wessi«- und ausländerfeindlichen Motiven auflädt.

Diese Formen der Identitätsbildung wiederum stehen einem Diskurs gegenüber, der nicht nur – zu Recht – an die diktatorische Natur des Staates DDR erinnert. Zugleich werden dabei die genannten Phänomene antiliberaler Identitätsbildung im Heute als Folge illiberaler Erfahrung im Gestern gekennzeichnet und als Ausdruck einer unvollständigen Abkopplung oder gar eines ausgebliebenen Lernprozesses gedeutet. Demnach ist der Osten oder sind Teile davon noch immer nicht »in der Demokratie angekommen«,[2] wie der damalige CDU-Bundestagsabgeordnete und Beauftragte der Bundesregierung für die neuen Bundesländer Marco Wanderwitz im Mai 2021 konstatierte.

Wo die eine Interpretation auf eine Aufwertung und Eingrenzung ostdeutscher Identität abzielt, bleibt das Bild »des Ostens« in der anderen Deutung durch Defizitbeschreibungen geprägt. Unzufriedenheit und Protest, Demokratieskepsis und Elitenkritik, autoritäre und rassistische Einstellungen, Rechtsextremismus und Populismus werden in beiden Deutungsmustern zum Kennzeichen Ostdeutschlands. Wobei der Osten für die einen nicht in

1 Katja Hoyer, *Diesseits der Mauer. Eine neue Geschichte der DDR 1949–1990*. Aus dem Englischen von Henning Dedekind u. Franka Reinhart. Hamburg: Hoffmann und Campe 2023.

2 Vgl. Timo Steppat, *»Nach 30 Jahren nicht in der Demokratie angekommen«*. *FAZ*-Podcast vom 28. Mai 2021 (faz.net/podcasts/f-a-z-podcast-fuer-deutschland/ostbeauftragter-ueber-afd-waehler-nach-30-jahren-nicht-in-der-demokratie-angekommen-17363632.html).

der liberalen Demokratie angekommen ist, während er für die anderen dort auch nicht ankommen soll.

Dass diese gegensätzlichen Positionen gerade in den letzten Jahren in voller Schärfe deutlich werden, liegt nicht zuletzt am Vordringen der AfD, die in weiten Teilen Ostdeutschlands mittlerweile fest verankert ist. Während sie auf der einen Seite zunehmend als hegemoniale ostdeutsche Volkspartei gesehen wird, die vermeintlich typischen »ostdeutschen« Befindlichkeiten besser als alle anderen Ausdruck verleiht, sind ihre Erfolge den anderen Anlass zu kritischen Nachfragen über den Stand der demokratischen Konsolidierung in den ehemals neuen Bundesländern: Sind Teile Ostdeutschlands tatsächlich in der Diktatur »hängengeblieben«, wie es Katrin Göring-Eckardt im Juli 2023 formulierte?[3]

Die beiden Zitate von Wanderwitz und Göring-Eckardt zeigen: Das Bild von den »Ossis«, die den Weg aus der Diktatur in die Demokratie noch nicht zu Ende gegangen sind, ist mehr als ein westdeutsches Klischee. Vielmehr wird darin eine Schlüsselvorstellung der jüngeren deutschen Geschichte deutlich, die viel über den Verlauf der deutschen Einheit und unsere Vorstellungen von der Demokratie verrät – und die doch schnell gänzlich ins Leere führt, weil sie mehr verschleiert als offenlegt.

Daran sind mindestens drei Missverständnisse schuld: Erstens beruht der ostdeutsche Demokratisierungsdiskurs bis heute auf einem expliziten oder impliziten Ost-West-Vergleich, der dazu neigt, ein Idealbild vom Westen und seiner demokratischen Kultur zu zeichnen und zugleich ein Zerrbild westdeutscher Realitäten produziert. Die Ostdeutschen sollten nach 1989 nicht so werden, wie die Westdeutschen waren – sondern, wie diese glaubten, dass sie seien. So hat es der Historiker Ilko-Sascha Kowalczuk pointiert formuliert und damit ins Schwarze getroffen, denn der Vergleich zwischen Osten und Westen orientierte sich in der Tat stets mehr an einer Idealvorstellung als an der Realität.[4] Genauso wie die antiwestlichen Ressentiments in Teilen der ostdeutschen Gesellschaft auf Unkenntnis »des Westens« oder der Verdrehung westdeutscher Realitäten beruhen.

Zweitens fördert das Bild vom Ankommen ein statisches Verständnis von Demokratie als einem festgefügten Gebilde, das sich klar umreißen lässt und

3 *Katrin Göring-Eckardt im Interview: »Wir müssen unseren Reichtum besser teilen«*. In: *Tagesspiegel* vom 14. Juli 2023.

4 Ilko-Sascha Kowalczuk, *Woanders ist auch Scheiße! Die Auswirkungen der Transformation nach 1990 auf die Gesellschaft in Ostdeutschland. Ein Überblick*. In: Ders. / Frank Ebert / Holger Kulick (Hrsg.), *(Ost)Deutschlands Weg. 45 Studien & Essays zur Lage des Landes. Teil I – 1989 bis heute*. Berlin: Bundeszentrale für politische Bildung 2021.

das sich, ist es einmal etabliert, nicht mehr maßgeblich verändert. Diese gerade im politischen Diskurs verbreitete Vorstellung widerspricht aber gänzlich den Erkenntnissen der historischen Demokratieforschung, die ihren Gegenstand längst als schillerndes Phänomen versteht, das es synchron in vielen Spielarten gibt und das sich diachron stets wandelt.

Drittens ist die Diskussion bis heute von einer eigentümlichen »Scheuklappensicht« geprägt: Was gut gelaufen ist an der demokratischen Transformation, rechnen sich die Deutschen in Ost und West als individuelle oder kollektive Leistung an – und die Probleme und Defizite verstehen wir als individuelles oder kollektives Versagen, als Folge der Diktatur oder als Fehlschlag der Demokratisierung. Oder aber im illiberalen Gegendiskurs: als dezidiert ostdeutsche Ablehnung westdeutscher Erwartungen. Was dabei schnell vergessen wird, ist die Erkenntnis, dass es sich bei vielen der genannten Zustände um keine ostdeutschen Spezifika handelt, sondern um Entwicklungen der modernen Demokratie, die auch jenseits deutscher Grenzen zu beobachten sind. Wo der Osten viel zu sehr und vereinfachend mit dem Westen verglichen wird, fehlt die europäische Perspektivierung bis heute – das gibt dem Diskurs eine problematische Schlagseite.

Das Bild vom Ankommen in der Demokratie

Das Sprachbild vom »Ankommen« zählt seit drei Jahrzehnten zu den Schlüsselbegriffen der postsozialistischen Transformationsgeschichte. Es suggerierte schon in den 1990er Jahren, dass die DDR-Bevölkerung nach dem Ende der Diktatur einen Weg zu beschreiten hätte, der an einem klaren Zielpunkt enden würde: Sie sollte im vereinten Deutschland heimisch werden, in der Demokratie, in der Marktwirtschaft – kurz: im Westen. Zum Bild gehörte aber auch die Vorstellung, dass die Westdeutschen diesen »langen Weg nach Westen«, wie Heinrich August Winkler ihn nannte,[5] bereits erfolgreich gegangen waren. Der Weg der Ostdeutschen in die moderne Demokratie wurde damit als Aufholjagd gedacht. Nicht Überholen ohne Einzuholen, wie Walter Ulbricht noch propagiert hatte, sondern Aufholen durch Nachholen war die Devise.[6]

Dabei war noch in den 1980er Jahren in der Bundesrepublik ernsthaft darüber diskutiert worden, ob die Demokratisierung des Landes tatsächlich

5 Vgl. Heinrich August Winkler, *Der lange Weg nach Westen*. Bd. 2: *Deutsche Geschichte vom »Dritten Reich« bis zur Wiedervereinigung*. München: Beck 2000.

6 Vgl. Ralph Jessen, *Revolution und Transformation. Anerkennungskämpfe in der Vereinigungsgesellschaft*. In: *Jahrbuch Deutsche Einheit*, Nr. 1, 2020.

als Ausdruck gewandelter Werthaltungen der Bevölkerung gelesen werden könne oder ob sie nicht womöglich doch nur dem materiellen Wohlstand geschuldet sei. Die »Meistererzählung«,[7] die sich nach 1989/90 durchsetzte, blendete solche skeptischen Stimmen aus. Gerade die westdeutsche Geschichtswissenschaft fragte nun verstärkt, wie es dazu hatte kommen können, dass sich die bundesrepublikanische Nachkriegsgesellschaft zunehmend von ihren autoritären Traditionen und der totalitären Vergangenheit lösen und sich erfolgreich »westernisieren« konnte. Dass sie dies getan hatte, wurde kaum mehr angezweifelt. Die Historiografie betrieb damit Grundlagenforschung zur Demokratiegeschichte des Westens, die sich vom zeitgenössischen Politikdiskurs um Ostdeutschland kaum trennen lässt, denn während die Westdeutschen nun als gute Demokraten galten, wurden sie zum Vorbild für die Deutschen im Osten.[8] Entsprechend überschrieb der Historiker Axel Schildt seinen *Essay zur Erfolgsgeschichte der Bundesrepublik* im Jahr 1999 mit dem Titel *Ankunft im Westen* – und griff damit jene Begrifflichkeit auf, die auch den Diskurs um die »neuen« Bundesländer bis heute prägt.[9]

Was westdeutsche Politikerinnen und Politiker, Intellektuelle und Forschende noch am westlichen Modell zu kritisieren hatten, schien dagegen mit dem Ende der DDR und dem »Sieg des Westens« (Peter Glotz) im Ost-West-Konflikt verflogen, zeigte sich doch, dass die westliche Demokratie der realsozialistischen Diktatur überlegen war. Die politische Vokabel der »Demokratisierung«, mit der gerade die Sozialdemokratie in den 1980er Jahren auf einen Reformbedarf der westlichen Gesellschaft hingewiesen hatte,[10] verlagerte sich ganz auf den östlichen Teil des Kontinents, den es nun zu demokratisieren galt.

7 Thomas Hertfelder, *Erfolgsgeschichte Bundesrepublik. Vom Anfang und Ende einer Meistererzählung*. In: *Merkur*, Nr. 880, September 2022.

8 Vgl. das 1992 begonnene und von der VolkswagenStiftung geförderte Forschungsprojekt »›Westernization‹. Politisch-ideelle Entwicklung der westdeutschen Gesellschaft bis 1970« an der Universität Tübingen. Vgl. dazu Anselm Doering-Manteuffel, *Wie westlich sind die Deutschen? Amerikanisierung und Westernisierung im 20. Jahrhundert*. Göttingen: Vandenhoeck & Ruprecht 1999.

9 Axel Schildt, *Ankunft im Westen. Ein Essay zur Erfolgsgeschichte der Bundesrepublik*. Frankfurt: Fischer 1999.

10 Vorstand der SPD (Hrsg.), *Grundsatzprogramm der Sozialdemokratischen Partei Deutschlands. Beschlossen vom Programm-Parteitag der Sozialdemokratischen Partei Deutschlands am 20. Dezember 1989 in Berlin*. Bonn 1990.

Transformation als Transfer und Konflikt

Die Folge war eine Neugestaltung Ostdeutschlands, die sich de facto als Transfer westdeutscher Institutionen auf den Boden der früheren DDR gestaltete. Was zeitgenössisch noch Gegenstand aufgeregter Debatten war und je nach politischem Standpunkt als alternativlose »Modernisierung« oder fremdbestimmte »Kolonialisierung« gedeutet wurde,[11] ist inzwischen zum Gegenstand der geschichtswissenschaftlichen Forschung geworden. Dank neuerer Studien, die damit begonnen haben, den deutschen »Einigungsprozess«, den »Aufbau Ost« und die »postsozialistische Transformation« zu historisieren, verstehen wir inzwischen immer besser, wie genau sich der Institutionentransfer von Westen nach Osten vollzog, welche Konflikte mit ihm verbunden waren und wie ihn die Zeitgenossinnen und Zeitgenossen erlebten.[12] Debatten um die Arbeit der Treuhandanstalt, das Wirken der postkommunistischen »Ostpartei« PDS oder die Parlamentarisierung der früheren DDR sind damit nicht befriedet, wirken sie doch vielfach im kollektiven Gedächtnis nach. Wir haben aber begonnen, sie jenseits aktuell-politischer Aufgereregtheiten aufzuarbeiten.

Dabei wird deutlich, dass der heute stattfindende Identitätsbildungsprozess in Ostdeutschland durch Abgrenzung von »dem Westen«, seinen Institutionen und seinen politisch-kulturellen Prägungen und Erwartungshaltungen einen historischen Vorläufer in jenen Abgrenzungsprozessen der neunziger Jahre hat, die ihren Nukleus im postsozialistischen Milieu hatten, aber weit darüber hinauswirkten. Die nach 1990 von der PDS und anderen Akteuren Ostdeutschlands verbreitete These von der Kolonialisierung »des Ostens« durch westdeutsche Eliten wird heute von jenen reaktiviert, die der Partei Die Linke besonders feindlich und ablehnend gegenüberstehen: Der Prozess ostdeutscher Identitätskonstruktion ist aus dem linken in den rechten Diskurs gewandert und hat sich dort entsprechend verformt. Während die postkommunistischen, sich als links verstehenden Akteure die Kontrolle über die Debatte verloren, paarte sich ihr antiwestlicher Impetus im rechten Diskurs mit rassistischen und rechtsautoritären Vorstellungen. Egalitäre und emanzipatorische Ideen, die den PDS-Diskurs nach 1990 in vielerlei Hinsicht anschlussfähig für etablierte demokratische Parteien machten, gingen dabei

11 Thorsten Holzhauser, *Krisengemeinschaft und Identitätspolitik. Die SED/PDS in der ostdeutschen Transformation*. In: Ders./Felix Lieb (Hrsg.), *Parteien in der »Krise«. Wandel der Parteiendemokratie in den 1980er- und 1990er-Jahren*. Berlin: Metropol 2021.

12 Beispielsweise Kerstin Brückweh/Clemens Villinger/Kathrin Zöllner (Hrsg.), *Die lange Geschichte der »Wende«. Geschichtswissenschaft im Dialog*. Berlin: Ch. Links 2020.

verloren oder wurden ins Gegenteil verkehrt. Allerdings steht das Nachdenken darüber, was die postkommunistischen Ost-Debatten der 1990er Jahre mit den von Rechtsaußen gekaperten Ost-Diskursen der Gegenwart zu tun haben, noch am Anfang.

Jenseits dieser Identitätsdiskurse können neuere Forschungen dazu beitragen, die Umbruchserfahrungen und Adaptionsleistungen ostdeutscher Akteure ebenso deutlich zu machen wie die Erfolge und Misserfolge westdeutscher »Aufbauhelfer« im Osten, darunter nicht zuletzt Akteurinnen und Akteure aus Wirtschaft, Politik und Verwaltung, die daran mitwirkten, die »Demokratisierung« des Ostens zu gestalten.[13] Vielfach werden Spannungen zwischen Institutionentransfer und politischer Kultur offenbar, die den Zeitgenossinnen und Zeitgenossen bereits bewusst gewesen sind. Auf der einen Seite bestand unter ostdeutschen Politikerinnen und Politikern nach der »Wende« ein großer Wille, den Aufbau demokratischer Institutionen und die ökonomische Reform als Fortsetzung des Revolutionsprozesses nach eigenen ostdeutschen Idealen zu gestalten. Faktisch aber diente das konkrete parlamentarische und ökonomische System der Bundesrepublik als Vorbild; seine Verfahren, Regeln und Strukturen wurden schon alleine aus Zeitgründen weitgehend übernommen.[14] Das führte vielfach zu Konflikten und Reibungspunkten, denn weder das westdeutsche Vorbild eines parteipolitisch disziplinierten Exekutiv-Parlamentarismus noch die real existierende Marktwirtschaft der 1990er Jahre waren das, was sich ein größerer Teil der ostdeutschen Neupolitiker gewünscht oder erhofft hatte.

Den Mentalitäten und »Bürger(selbst)verständnissen« der Ost- und Westdeutschen hat Christina Morina unlängst in einer deutsch-deutschen Demokratiegeschichte »von unten« nachgespürt und dabei wesentliche Unterschiede zutage gefördert.[15] Dass sich die Staatsbürgervorstellungen zwischen West- und Ostdeutschen unterschieden und dass sie sich von den 1980er zu den 1990er Jahren veränderten, ist dabei weniger aussagekräftig als die Art und Weise, wie sie dies taten und wie vielfältig sie waren – und nach wie vor sind. Je länger aber der Transformationsprozess dauerte und je mehr er zu Konflikten und Enttäuschungen auf beiden Seiten führte, desto klarer

13 Vgl. Christoph Lorke, *Von »Besserwessis« und »Jammerossis«. Administration im Übergang, kommunale »Verwaltungshilfe« und westdeutsche »Aufbauhelfer«*; Marcus Böick / Constantin Goschler / Benno Nietzel, *Die beratene Transformation. Westdeutsche Experten in Ostdeutschland nach 1990*. Beide in: *Jahrbuch Deutsche Einheit*, Nr. 1, 2020.

14 Vgl. Bettina Tüffers, *Die 10. Volkskammer der DDR. Ein Parlament im Umbruch. Selbstwahrnehmung, Selbstparlamentarisierung, Selbstauflösung*. Düsseldorf: Droste 2017.

15 Christina Morina, *Tausend Aufbrüche. Die Deutschen und ihre Demokratie seit den 1980er Jahren*. München: Siedler 2023.

wurde das bestehende Spannungsverhältnis zwischen institutioneller Demokratie und politisch-kultureller Verfasstheit im vereinten Deutschland. Was die skeptischen Stimmen für die westdeutsche Bundesrepublik der 1980er Jahre noch beklagt hatten, wurde nun auch für Ostdeutschland deutlich: Die institutionelle Etablierung der Demokratie und die Etablierung eines marktwirtschaftlichen Systems würden nicht reichen, um von einer erfolgreichen Demokratisierung zu sprechen. Die in der Diktatur sozialisierten Ostdeutschen mussten auch die freiheitlichen Werte verinnerlichen und sich als Demokratinnen und Demokraten beweisen, sollte die neue Ordnung stabil sein. Dass das noch immer nicht alle getan haben, ist die maßgebliche Defizitbeschreibung – und damit der Kernvorwurf – der heutigen Debatte um das »Ankommen« der Ostdeutschen.

Vom Wert des Vergleichs

Gegenüber dem Westen der Republik zeichnet sich der Osten durch eine stärkere Demokratieskepsis, autoritärere Werthaltungen und eine größere Verbreitung rassistischer Einstellungen aus.[16] Das festzustellen ist kein Ausdruck westdeutscher Überheblichkeit, sondern empirisch belegt. Es zeigt sich auch an der Wahlurne, wo Einstellungen und Praxis zusammenkommen – mit dem Ergebnis, dass jede Wahlkarte der Bundesrepublik, die die Erfolge der AfD farblich kennzeichnet, von ein paar Ausreißern einmal abgesehen, den Umrissen der früheren DDR zum Verwechseln ähnlich sieht. Trotzdem wirkt der innerdeutsche Vergleich zwischen Ost und West in vielerlei Hinsicht verzerrend und verleitet zu Missverständnissen. Zum einen blendet er auffällige regionale Unterschiede innerhalb der beiden Großgebiete aus und führt zu deren Homogenisierung. Zum anderen verleitet er dazu, ostdeutsche Spezifika zu postulieren, die sich im größeren, europäischen Vergleich eher als trauriger Normalfall denn als Ausnahme erweisen. Aber kann und sollte »der Westen« die Norm sein?

Zwar erscheint das Auftreten der AfD in der Bundesrepublik nicht zu Unrecht als bedenklicher *game changer* im politischen Koordinatensystem, weil es erstmals einer rechtsextremen Partei gelungen ist, sich (vorerst) auf Dauer

16 Vgl. Michael Lühmann, *Rassismus und die extreme Rechte in »Ostdeutschland«. Über tiefe Spuren, wichtige Differenzierungen und »ostdeutsche« Auswege*. In: Kowalczuk u.a. (Hrsg.), *(Ost)Deutschlands Weg I*; Philip Manow, *Populismus – in Ost und West. Eine Datenanalyse*; Axel Salheiser, *Welche Akzeptanz hat die repräsentative Demokratie in Ostdeutschland?* Beide in: Ilko-Sascha Kowalczuk/Frank Ebert/Holger Kulick (Hrsg.), *(Ost)Deutschlands Weg. 35 weitere Studien, Prognosen & Interviews. Teil II – Gegenwart und Zukunft*. Berlin: Bundeszentrale für politische Bildung 2021.

im politischen System einzurichten – mit gefährlichen Folgen für unsere liberale Demokratie. Länderübergreifend betrachtet, kam dies jedoch alles andere als überraschend. Die Politikwissenschaften beobachten in ganz Europa und in einigen anderen Industriestaaten seit den 1970er Jahren das Entstehen nationalistischer und einwanderungsfeindlicher Parteien, die mit Angriffen auf das etablierte demokratische System und mit Kritik an der offenen Gesellschaft Erfolge feiern.[17]

Im neuen Jahrtausend hat sich diese Situation nochmals verschärft: Die FPÖ hat seit 1999 in Österreich zweimal auf nationaler Ebene mitregiert, in Dänemark dominieren Rechtspopulisten seit Jahren den politischen Diskurs,[18] und in der ganzen Europäischen Union gibt es kein Mitgliedsland mehr, in dem nicht eine vergleichbare Partei im Parlament vertreten wäre. Ob in Ungarn, in Italien oder in den Niederlanden – rechtsextreme oder rechtspopulistische Parteien führen mittlerweile sogar europäische Regierungen an und genießen damit maßgeblichen Einfluss auf die Politik der Europäischen Union.

Die Vorstellung, dass einzig Deutschland als »gebranntes Kind« des Faschismus vor dieser Entwicklung geschützt sei, hat sich in Luft aufgelöst. Dass es auch nicht nur die »jungen« Demokratien sind, die aufgrund ihrer langen Diktaturerfahrung oder ihrer traumatischen Transformationsentwicklungen für rechte Wahlerfolge anfällig sind, sondern auch die »alten«, zeigt das Beispiel Frankreich: Seit 2002 hat dort der Front National dreimal die Stichwahlen zum Präsidentenamt erreicht, und in manchen Regionen erzielt er mit Leichtigkeit Ergebnisse jenseits der 30-Prozent-Marke. Gewählt wird Marine Le Pens Partei, die sich heute Rassemblement National nennt, von kleinen Gewerbetreibenden, die glauben, ihre prekäre Sicherheit werde durch Migration bedroht, aber auch von sozial Deklassierten in den alten Industrieregionen des Nordens, die ihre eigenen Transformationserfahrungen gemacht haben: Deindustrialisierung, Arbeitslosigkeit, Deprivation.[19] Ganz

17 Vgl. Hans-Georg Betz, *Radical Right-Wing Populism in Western Europe*. London: Macmillan 1994; Frank Decker / Marcel Lewandowsky, *Die rechtspopulistische Parteienfamilie*. In: Uwe Jun / Benjamin Höhne (Hrsg.), *Parteienfamilien. Identitätsbestimmend oder nur noch Etikett?* Opladen: Verlag Barbara Budrich 2012; Ruth Wodak / Majid KhosraviniK / Brigitte Mral, *Right-Wing Populism in Europe. Politics and Discourse*. London: Bloomsbury 2013.

18 David Kuchenbuch, *Kulturkampf, Kanon, Karikaturenstreit. Zum Aufstieg der Rechtspopulisten in Dänemark und in Nordosteuropa seit der Jahrtausendwende*. In: *Merkur*, Nr. 911, April 2025.

19 Arnaud Huc, *Front National Supporters, north and south. A socio-geographical analysis of the Le Pen electorate in 2017*. In: *Revue française de science politique*, Nr. 69/2, 2019.

ähnlich wie bei der AfD überrascht auch bei Le Pens Partei, wie hoch der Anteil der jüngeren Erwachsenen an ihrer Wählerschaft ist. Es sind nicht nur die Alten, die rechts wählen – und es sind nicht nur die Ostdeutschen. Dass die früheren Bürgerinnen und Bürger der DDR (bis zu einem gewissen Grad) »diktatursozialisiert« sind, ist zumindest für die älteren Generationen nicht zu leugnen. Diese Tatsache hilft aber nur bedingt weiter, um das Phänomen AfD zu erklären, die wie viele nationalistische und fremdenfeindliche Bewegungen in Europa gerade bei den jüngeren Kohorten Zulauf hat.

Wandel der Demokratie

So erschreckend die Wahlerfolge der AfD in Ostdeutschland sind, so wenig sprechen sie für ein genuin ostdeutsches Demokratiedefizit, zumal auch die alte westliche Bundesrepublik ihre rassistischen und – beides ist nicht dasselbe – rechtsextremen Traditionen hat, die gerade in jüngster Zeit wieder zum Gegenstand geschichtswissenschaftlicher Forschung geworden sind.[20] Während man die zwischenzeitlichen Erfolge der NPD in den 1960er Jahren noch als Nachbeben des Nationalsozialismus deuten konnte, gilt das für die »Republikaner« sicher nicht. Diese traten just in dem Moment ins Rampenlicht, als sich die westdeutsche Demokratie deutlicher als zuvor etabliert und dem Osten als Vorbild angeboten hatte. Als ein Produkt der 1980er Jahre nahmen die Republikaner in vielem das vorweg, was wir in der heutigen AfD wieder sehen: von den nationalistischen und rassistischen Positionen über populistische Angriffe auf die »Altparteien« bis hin zu spektakulären Erfolgen an der Wahlurne: 7,5 Prozent in Berlin (1989), 10,9 in Baden-Württemberg (1992) und 7,1 Prozent bei der Europawahl 1989.[21]

Das Beispiel zeigt, was in den Debatten von Heute allzu leicht unterzugehen droht: die Erkenntnis, dass der alte Westen schon vor 1989 nicht das demokratische Idyll ohne antidemokratische Tendenzen war, als das er vielfach erschien. Vielleicht ist es daher auch nicht so sehr unser Bild von Ostdeutschland, das wir korrigieren müssen, als vielmehr unser Verständnis der modernen Demokratie. Bei genauerem Hinsehen wird klar, dass die liberalen Demokratien lange vor dem Epochenjahr 1989 im Wandel waren. Die etablierten Kräfte der Nachkriegsjahrzehnte – allen voran Sozialdemokratie und

20 Maria Alexopoulou, *Rassismus als Kontinuitätslinie in der Geschichte der Bundesrepublik Deutschland*. In: *APuZ* vom 14. September 2018; Norbert Frei u.a., *Zur rechten Zeit. Wider die Rückkehr des Nationalismus*. Berlin: Ullstein 2019.

21 Moritz Fischer, *Die Republikaner. Die Geschichte einer rechtsextremen Partei 1983–1994*. Göttingen: Wallstein 2024.

Konservative – sind bereits seit den 1970er Jahren schwächer geworden, und sie haben sich ihrerseits verändert, um sich dem sozialen Wandel anzupassen. Es fällt ihnen heute schwerer als früher, breiteste Wählerkoalitionen zu schmieden und den unterschiedlichen gesellschaftlichen Interessen gerecht zu werden. Dafür sind seit den siebziger und achtziger Jahren neue Parteien entstanden: nicht nur rechte, die vom Bedeutungsgewinn des Themas Migration profitieren, sondern auch grüne und ökologische Bewegungen, linke und libertäre Gruppen.

Überhaupt ist unsere Demokratie vielfältiger geworden. Das Quasimonopol der etablierten Parteien an der politischen Interessenvertretung ist längst durch eine Vielzahl an Protestbewegungen aufgebrochen worden, die uns mal mehr, mal weniger demokratisch erscheinen. Die neuen sozialen Bewegungen der 1970er und 1980er Jahre zeugen genauso davon wie die Proteste gegen Treuhand und Massenentlassungen, die den ostdeutschen Transformationsprozess mitprägten. Später waren es die Proteste von »Pegida« und »Querdenkern«, aber auch die vielen Gegenproteste.[22] Sie sind Teil eines demokratischen Wettbewerbs, der von den Anhängerinnen einer offenen Gesellschaft genauso geprägt wird wie von ihren Gegnern, in Ostdeutschland wie in anderen Teilen Europas. Dass demokratiegefährdende Tendenzen Teil moderner Demokratien sind, ist eine Erkenntnis, die der politische Diskurs, verständlicherweise, nur ungern zur Kenntnis nimmt.

Alles also halb so wild in Ostdeutschland? Dass autoritäre, antipluralistische und demokratiefeindliche Einstellungen unter Ostdeutschen gefährlich weit verbreitet sind, kann auch mit dem Verweis auf andere Länder nicht wegdiskutiert werden. Nur bringt es wenig, die genannten Phänomene als Folge mangelnder Demokratisierung zu deuten oder den Ostdeutschen gar zu unterstellen, sie seien demokratieunfähig. Dass es ostdeutsche Besonderheiten gibt, die mit dem Erbe des Regimes genauso zu tun haben wie mit dem Verlauf von Wiedervereinigung und Transformation, wird man kaum leugnen können. Auch die binnendeutschen Migrationsbewegungen und ihre Folgen für die soziale Struktur vieler Regionen in Ostdeutschland spielen nachweislich eine Rolle. Die – im Westen entstandene – AfD ist tatsächlich äußerst erfolgreich darin, typisch ostdeutsche Vorstellungen von Basisdemokratie, Bürgerbeteiligung und »Volksherrschaft« zu nutzen, um für ihre antiliberalen Vorstellungen von »dem« Volkswillen und seiner Exekution zu mobilisieren.

22 Philipp Gassert, *Bewegte Gesellschaft. Deutsche Protestgeschichte seit 1945*. Stuttgart: Kohlhammer 2018; Annette Weinke, *Ost, West und der Rest. Die deutsche Einheit als transnationale Verflechtungsgeschichte*. In: *Jahrbuch Deutsche Einheit*, Nr. 1, 2020.

Diese Charakteristika lassen sich aber nur verstehen, wenn sie zugleich europäisch eingeordnet werden, etwa durch einen Vergleich mit anderen Transformationslandschaften in Ost- und Mitteleuropa – und im Westen des Kontinents. Nur so wird ein Muster deutlich, in dem »der Osten« Deutschlands leider keine so große Ausnahme darstellt, wie wir es gerne hätten. Dass sich die Geschichtswissenschaft daran machen muss, den deutsch-deutschen Vergleichs- und Verflechtungsgeschichten zur Demokratisierung eine transnationale Perspektive hinzuzufügen, wird vor diesem Hintergrund einsichtig. Und zugleich wird deutlich, dass die in Teilen Ostdeutschlands stattfindende Identitätsbildung durch trotzige Abgrenzung vom westlichen Liberalismus teils Reaktion auf westdeutsche Erwartungshaltungen sein mag, zugleich aber nur ein regionalisierter Ausschnitt dessen, was wir in ganz Europa und darüber hinaus erleben: die Herausbildung einer politischen Kultur und eines politischen Selbstbilds, das auf Ablehnung »des Westens« und seiner liberal-demokratischen Normen basiert. »Ost-, Ost-, Ostdeutschland« erscheint damit als Pendant zu »MAGA« und anderen antiliberalen Identitätsbildungen.

Vor diesem Hintergrund kann man es nur begrüßen, wenn sich die Geschichtswissenschaft inzwischen die Frage stellt, auf welche Weise auch die mit der Vereinigung verbundenen Diskurse dazu beigetragen haben, menschen- und demokratiefeindliche Entwicklungen in der Wiedervereinigungsgesellschaft zu befördern, mit anderen Worten: *Was Einheitsjubel und rassistische Gewalt miteinander zu tun haben*, wie der mittlerweile verstorbene Thomas Großbölting 2021 seinen wegweisenden Aufsatz überschrieben hat.[23]

Doch sollte uns das nicht dazu verleiten, Rassismus und antidemokratische Einstellungen als historisch zu erklärende Besonderheit zu behandeln, die auf außergewöhnliche Fehlentwicklungen zurückgeht. Wenn vieles dafür spricht, dass wir es mit wiederkehrenden Phänomenen zu tun haben, die auch die westlichen Gesellschaften immer wieder bedrohen, dann müssen wir auch nach Antworten und Lösungen für die Probleme suchen, die tiefer ansetzen als bei bloßen regionalen Befindlichkeiten enttäuschter Ostdeutscher. Diese Trivialisierung des Antidemokratischen richtet mehr Schaden an, als sie Einsichten hervorbringt.

Für das Bild vom »Ankommen in der Demokratie« lässt sich aus dieser Sicht zweierlei schlussfolgern: Entweder die Ostdeutschen können gar nicht »in der Demokratie ankommen«, genauso wenig übrigens wie die

23 Thomas Großbölting, *Was Einheitsjubel und rassistische Gewalt miteinander zu tun haben. Nationale Identitätspolitik in der Wiedervereinigungsgesellschaft*. In: *Jahrbuch Deutsche Einheit*, Nr. 2, 2021.

Westdeutschen, weil es die Demokratie in dieser idealisierten, von Konflikten bereinigten Form nicht gibt; oder sie sind längst angekommen, nur ist die moderne Demokratie eben nicht so rein und unschuldig und konfliktfrei, wie wir das gerne hätten. Die zu oft vermittelte Vorstellung, die Transformation würde in ein demokratisches Idyll ohne Streit und Gegensätze führen, ist nicht nur falsch, sondern auch gefährlich. Sie schürt falsche Erwartungen und hilft den Feinden der Demokratie, die diese gerade dafür kritisieren, dass sie Streit zulässt und Meinungsvielfalt erlaubt. Und sie verharmlost die Gefahr von Rassismus, Rechtspopulismus und Antipluralismus innerhalb wie außerhalb Ostdeutschlands. Es ist daher auch keine ostdeutsche Aufgabe, gegen antidemokratische Tendenzen einzustehen, sondern Aufgabe von Demokratinnen und Demokraten in allen Teilen Deutschlands und Europas.

Theaterkolumne

Osten (Abschiede)

Von Ekkehard Knörer

Neustrelitz im südlichen Mecklenburg-Vorpommern hat einen prächtigen Schlossgarten mit Orangerie, aber kein Schloss mehr, das nämlich 1945 komplett ausgebrannt und danach dem Boden gleichgemacht worden ist (keine Bomben, sondern Brandstiftung). Neustrelitz ist schön. Es ist als barocke Idealstadt entworfen, vom zentralen riesigen Marktplatz streben acht Straßen sternförmig weg. Das Geld, das nach der Wende in Sanierung und Wiederaufbau gesteckt worden ist, sieht man an allen Ecken und Enden. Auch Richtung Hafen und See, und Richtung Park, an dessen Rand steht das Landestheater. Der Standort ist alt, das Gebäude mehrfach niedergebrannt, so auch 1924, das Feuer scheint ein besonders hartnäckiger Feind von Neustrelitz zu sein. Der 1928 nach Plänen von Max Littmann errichtete Bau wurde 1954 und einem weiteren Brand äußerlich rekonstruiert, innen modernisiert, wobei der Saal mit seinen vierhundert Plätzen mit Parkett und Rang klassischen Mustern folgt. Littmann gilt als bedeutendster Reformer des Theaterneubaus in Deutschland, 1908 ist etwa das Nationaltheater in Weimar nach seinen Entwürfen entstanden. Seine Bauten sind ausdrücklich nicht in der Tradition der Hoftheater, sondern als selbstbewusst eigenständige Bürgertheater gedacht.

Die Stadt Neustrelitz hat nach der Wende rund ein Viertel ihrer Bewohner verloren, heute sind, immerhin seit Jahren stabil, gut 20 000 verblieben. Wenn eine Inszenierung an diesem überdimensionierten Theater fünf ausverkaufte Vorstellungen erlebt, bedeutet das also rein theoretisch, dass diese von rund zehn Prozent aller Einwohner besucht worden sind. Dies ist unlängst geschehen. Gelungen ist das kleine Wunder noch dazu mit einem fünfeinhalbstündigen Stück. *Wege übers Land*, so der Titel, war die Theaterversion einer in der DDR ungemein erfolgreichen Fernsehserie – beziehungsweise, wie es im Vorspann heißt: eines dramatischen Fernsehromans, Drehbuch von Martin Eckermann nach einem Szenario von Helmut Sakowski. Die Serie ist gut sieben Stunden lang, mit Ursula Karusseit, Manfred Krug und Armin Müller-Stahl in den Hauptrollen. Im Fernsehen der DDR erstmals ausgestrahlt im Jahr 1968, die Einschaltquote lag dabei im Schnitt bei mehr als 77 Prozent.

Die Serie spielt in einem fiktiven mecklenburgischen Ort namens Rakowen, und sie setzt im ersten Jahr des Zweiten Weltkriegs ein. Der deutsche Blitzkrieg-Sieg gegen Polen ist Gegenstand des ersten Dialogs im von Regisseur (und Intendant) Maik Priebe nach der Vorlage erarbeiteten Stück. Im Film radelt vor dem Vorspann erst noch der Star Manfred Krug als Kommunist Willi Heyer durch die mecklenburgische Landschaft, die Zentralfigur ist und bleibt in der Serie wie im Stück eine Frau. Gertraud Habersaat, die Protagonistin, ist angestellt auf einem Gutshof, auf dem sie dank disziplinierter Arbeit, aber auch eines Liebesverhältnisses mit dem Gutsherrn, zur zukünftigen Gutsherrin designiert scheint, allerdings aufgrund ihrer niederen Herkunft heftigen Widerstand von der Mutter des Gutsherrn erfährt.

Vom Krieg zum Knutschfleck ist der Weg schon im allerersten Dialog nicht weit, ohnehin rührt das Buch zum Fernsehroman Liebe, Klassenverhältnisse, Politik, Intimes und die große Gesellschaft durchweg in recht trivialer Manier untereinander. Im weiteren Verlauf geht es erst nach Polen, wo Habersaat mit einem Mann, den sie nicht liebt, auf einem von den Nazis requirierten Gut residiert. Sie rettet und adoptiert ein jüdisches Mädchen und einen polnischen Jungen, es gibt Szenen im Konzentrationslager, dann die Rückkehr nach Rakowen, wo die Heldin nach anfänglichem Widerstand gegen die Kollektivierung ihr Land aus eigenen Stücken in den Besitz einer LPG überführt – bis plötzlich und unerwartet der verschollene Mann vor der Tür steht: Er war in den Westen gegangen und kommt nun zurück und will bleiben.

Die Serie ist kein simples Propagandastück, aber sie fügt sich doch ohne großen Widerstand der Ideologie des sozialistischen Staats. Im vergleichsweise realistischen Blick auf das Fortdauern faschistischer Mentalitäten auch im Osten weicht sie von allzu strahlender DDR-Selbstdarstellung ein wenig ab: So ganz umstandslos gelingt die Beseitigung der Nazi-Ideologie im allegorischen Rakowen nicht. Dennoch ist der Kommunist Heyer ein Held nach dem Geschmack des Regimes; in der burschikosen Verkörperung durch Manfred Krug dem Publikum als Sympathieträger verdaulich gemacht: Als Bürgermeister greift er nach dem Krieg schon mal autoritär durch und sperrt Bauern, die ihren Beitrag zur Gemeinschaft verweigern, ohne Prozess in den Keller.

Allerdings fällt die Serie spürbar in die Jahre nach dem XI. Plenum des ZK der SED im Dezember 1965, das dem sich entwickelnden freieren Reden und Denken im Film der DDR ein brutales Ende gemacht hat. Eine Reihe von ganz oder mehr oder weniger fertiggestellten DEFA-Filmen (wie *Das Kaninchen bin ich* oder *Spur der Steine*) wurden verboten und weggesperrt – Filme, die vor allem die Enttäuschung über die Entfernung vom idealistischen Kern des Sozialismus artikulierten, nicht zuletzt im realistischen Blick auf den immer spießiger und autoritärer werdenden realsozialistischen Staat. Der Weg zurück in die Geschichte, die Erzählung von der kommunistischen Überwindung des »Dritten Reichs« und dem mühsamen Neuanfang, den *Wege übers Land* wählt, ist zu diesem Zeitpunkt mindestens eine Ausweichbewegung.

Das Publikum ist ihr gerne gefolgt, die Serie, die im DDR-Fernsehen oft wiederholt worden und seit langem als DVD verfügbar ist, ist im Westen und unter Jüngeren kaum noch jemandem ein Begriff, wird aber von vielen Älteren nostalgisch erinnert. Maik Priebe, der Regisseur der Inszenierung, ist der Intendant des Theaters Neustrelitz – genauer gesagt des Theaterverbunds von Neustrelitz und Neubrandenburg, die Bühnen der beiden Städte wurden im Jahr 2000 unter Erhalt der beiden Häuser zusammengelegt. *Wege übers Land* war allerdings seine Abschiedsvorstellung. Dieser Abschied kam überraschend und früh. Man hatte den in Schwerin geborenen, an der Ernst-Busch-Hochschule ausgebildeten Regisseur als Hoffnungsträger begrüßt. Tatsächlich hat er die beiden Theater spürbar belebt, sah sich allerdings, wie so viele, bald mit starken Kürzungen konfrontiert. Seine Kündigung nach nur zwei Spielzeiten (und bislang ohne bekannte Anschlussbeschäftigung) hat er nicht offiziell begründet, das fehlende Geld, Reibungsverluste im Kampf mit der Kulturbürokratie liegen als Ursache nahe.

So warf er die Brocken mit seiner Inszenierung von *Wege übers Land* eindrucksvoll hin. Der Aufwand, den er dafür betrieb, war enorm. Zu den Mitgliedern des Ensembles hat er eine Gruppe Schauspielschülerinnen und -Schüler von der Ernst-Busch-Hochschule in Berlin geholt. Dazu weitere Gäste, darunter die Hauptdarstellerin Stephanie Schönfeld als Gertrud Habersaat und als deren Mutter Angelika Waller, der inzwischen über achtzigjährige einstige Star aus DEFA- und DDR-Theater-Zeiten, berühmt als Franziska Linkerhand in einer Inszenierung von Christoph Schroth in Schwerin im Jahr 1978 – und nicht zuletzt auch als Protagonistin des vielleicht bekanntesten verbotenen Films der sechziger Jahre, der erst nach der Wende uraufgeführt wurde, Kurt Maetzigs *Das Kaninchen bin ich*. Auf diesem Umweg kommt die etwas dissidentischere Linie der DDR-Film- und Fernsehgeschichte doch mit ins Bild.

Inszeniert und gespielt ist das in einem reduzierten Realismus in Kostüm und Requisite, mit einem Bühnenbild (von Susanne Meier-Staufen), das im Verbund mit einer markanten Lichtregie Atmosphären setzt, dabei nicht illustrativ ausmalt, sondern die Schauplätze zeichenhaft, mitunter etwas plakativ, abstrahiert, das Gut in Rakowen (ein Schrank, ein Stuhl, ein Herd), die Jahre in Polen (Treppen, Düsternis, kahle Bäume), die unmittelbare Nachkriegszeit (Mauerreste eines Hauses, ein Ruinenfeld zwischen Abriss und Aufbruch). Für das letzte Kapitel löst Priebe diesen Realismus dann fast vollständig auf, die Schauspieler befinden sich – wie schon ganz zu Beginn, wenn das Publikum in den Saal kommt – alle gemeinsam, also das ganze für diese Kraftanstrengung nach Neustrelitz gestemmte Kollektiv, auf der Bühne, stehend, sitzend, kein Bühnenbild mehr, nur Stühle, auch die Kleidung gibt keine eindeutigen Realismussignale mehr. Die Darstellerinnen und Darsteller in freierem Spiel, Angelika Waller tanzt mit kapriziösen, fast ins Gesangshafte gehenden Einlagen mehrmals ganz aus der Reihe.

Maik Priebe setzt sich mit seinem großen Abschied so entschlossen wie virtuos zwischen die Stühle. Mit der Wahl dieses Stoffs, mit der handwerklich sehr gekonnten, ästhetisch nicht altbackenen, aber bestenfalls als zeitlos modern zu beschreibenden Inszenierung. Mit seiner nicht sklavischen, aber doch irritierenden Treue zur Vorlage, die er aus ihrem historischen Kontext weitgehend freizustellen versucht. Mit seinem Rückbezug auf die Selbstdarstellung der DDR, die er nicht auf ihren Propagandacharakter, sondern auf ihren Nennwert befragt – und dabei impliziert, dass der utopische Impuls des Sozialismus aus einem einst populären, auch trivialen Stoff wie diesem in ganz anderen Zeiten noch entbindbar sein könnte. Implizit, aber als Setzung unübersehbar ist die These, dass das in den Westen eingegliederte, aus westlicher Sicht abgewickelte Land eigene, andere, im westlichen Teil des Landes unbekannte Klassiker hat, mit denen sich wenn kein Staat mehr, so doch ein spezifisches Erinnerungstheater machen lässt. (Das ist andernorts ähnlich, wie man an der Renaissance von Brigitte Reimanns deutlich kanonischerem Roman *Franziska Linkerhand* sieht, zuletzt 2024 in einer ambitionierten und gelungenen Inszenierung von Johanna Wehner am Staatstheater in Cottbus zu sehen.)

Das alles ist mit großer, aber eben auch letzter Kraft als Abschiedsstück hingeworfen, ein Dokument weniger des Aufbruchs als des Abbruchs. Nicht nur finanziell ein Wagnis, dann aber nicht nur bei der überregional anreisenden Kritik, sondern auch und erst recht beim lokalen Publikum ein voller Erfolg, in den aber eine sehr unentschiedene Haltung zur Ostalgie eingepreist ist. Und damit eben auch zur Demokratieverdrossenheit, die vom diffus positiven Bezug auf die DDR-Vergangenheit in den neuen Bundesländern mitgespeist wird. Die Szenen zur Kollektivierung, der Streit um die Frage, wie sehr Gut, Boden, Land, wenn der Staat sie sich nimmt, die eigenen bleiben, also auch die Frage, wie sich ein positiver Bezug des und der Einzelnen zu einem Gemeingut – sei es Kollektiv, sei es Stadt, sei es Land und Gesellschaft – herstellen ließe: Diese für die Demokratie entscheidenden Fragen werden in der Inszenierung angesprochen, aber eher als Museumsstück ausgestellt, und sie bleiben hinter der Trivialität der Vorlage letztlich versteckt. Eine halbe Sache also, auf der Suche nach einem gemeinsamen Nenner, auf den sich eine polarisierte Gesellschaft gerade noch bringen lässt.

Görlitz in der Oberlausitz in Sachsen ist die östlichste Stadt Deutschlands. Sie liegt an der Grenze zu Polen wie Frankfurt (Oder) oder Guben. Die einstige Oststadt heißt auch Görlitz, aber auf Polnisch, nämlich Zgorzelec, eine Fußgängerbrücke über die Neiße führt von hüben nach drüben. In besseren Zeiten ganz ohne Kontrollen, inzwischen signalisiert postiertes Aufsichtspersonal wieder Grenzübergang. Görlitz wurde im Krieg nicht zerstört, das ist Segen und Fluch, denn es hat dazu geführt, dass die Stadt eher Museum ihrer selbst und inzwischen eine Art Themenpark ist. Wegen der erhaltenen Altbausubstanz werden hier gerne Historienfilme gedreht, am berühmtesten ist das ehemalige Kaufhaus, ein wuchtiger, historistisch nach oben strebender Jugendstilbau. Das Haus wurde 2010 geschlossen, seit längerem schiebt ein neuer Eigentümer Wiedereröffnungspläne vor sich her. Dass 2013 Wes Anderson große Teile seines Films *Grand Budapest Hotel* im Innern des Gebäudes gedreht hat, sorgte endgültig dafür, dass Görlitz und sein Tourismusbüro sich das Etikett »Görliwood« aufgeklebt haben. Eine kleine Bahn fährt Touristen durch die Straßen und Gassen der Stadt auf den Spuren der Filmdrehs.

Das Theater in Görlitz, in einem innenstädtischen Prachtbau gelegen und von manchen als »Kleine Semperoper« bezeichnet, ist, wie das in Neustrelitz, mit dem Theater einer Nachbarstadt fusioniert, in diesem Fall mit dem Gerhart-Hauptmann-Theater in Zittau. So werden von einem Team zwei Häuser bespielt, zudem tourt der Musik- und Schauspielbetrieb in andere Städte. Durch diese Strategie gelingt es bislang, auch in vergleichsweise kleinen Städten einen originären Theaterbetrieb am Leben zu halten.

Die schlechtere Alternative ist das, was im traditionsreichen Theater in Frankfurt (Oder) passiert ist. Das Theater in einer

Stadt, die so viele Einwohner hat wie Görlitz, hat einen Intendanten, aber es hat kein Ensemble mehr. Es bietet ein sehr gemischtes Gastspiel-Programm mit Kabarett, Musical, Konzerten, Poetry Slams, Kleinkunst und manchmal Theater. Der Bau selbst ist jung, eine in den Boden eingelassene Tafel im Foyer erinnert an die Grundsteinlegung im Jahr 1998. Das DDR-Theater, außerhalb des Zentrums gelegen, hatte Tradition und Ensemble, die nach der Wende stark schrumpfende Stadt aber machte es im Jahr 2000, ein Jahr vor Eröffnung des neuen Baus, dicht.

Auch der erfolgreiche Intendant von Görlitz und Zittau, Daniel Morgenroth, verlässt nach der kommenden Spielzeit das Doppeltheater. Zum Abschied hat er als Regisseur ein großes Spektakel auf die Beine gestellt, nicht im Pracht-Theater in der Stadt, sondern als immersives Erlebnis in der ehemaligen Maschinenfabrik auf dem KEMA-Gelände im Süden von Görlitz. Das Konzept ist von Maik Priebes Versuch, sein Publikum da abzuholen, wo er es vergangenheitspolitisch vermutet, weit entfernt. Der Stoff hat keinen Bezug zur Stadt, zur DDR-Vergangenheit, zur deutschen Gegenwart, er hat als Zeiten und Welten entfernter Sehnsuchtsentwurf geradezu das Gegenteil eines Bezugs: Es geht mit dem Jazz-Age-Roman *The Great Gatsby* von John F. Fitzgerald in die zwanziger Jahre zurück. Der Titel der Veranstaltung kürzt auf »Gatsby« und verlängert das Original um ein Ausrufezeichen. (Quasi als Markenzeichen: Vor zwei Jahren hatte Morgenroth schon John Websters elisabethanischen Klassiker *Die Herzogin von Malfi* im alten Görlitzer Güterbahnhof zu einem immersiven *Malfi!*-Spektakel gemacht.)

Der Haupteingang zum Gelände liegt an einer Sackgasse, die den schönen, aber irreführenden Namen Pomologische Gartenstraße trägt und zur direkt gegenüber gelegenen Schwimmhalle führt. Im Innenhof auf dem Gelände eine Bar, Verköstigung und lockere Versammlung vor dem Beginn, nicht Teil des Spiels, aber Vorspiel, das in gewisser Weise schon zur Inszenierung gehört. Zumal vor dem Betreten der Räume auf einer improvisierten kleinen Bühne im Hof bereits die in ihre Kostüme gekleideten Figuren vorgestellt werden, von Jay Gatsby bis Nick Carraway und Daisy Buchanan. Am Eingang hat man zuvor Marken unterschiedlicher Farben erhalten und die Augenpartie bedeckende Masken, es werden Gruppen gebildet, die das Gebäude später an verschiedenen Eingängen betreten. Bald darauf wird sich aber alles wieder, vielmehr: noch einmal anders vermischen. Die Masken sind wichtig, denn Immersion bedeutet hier: Es gibt keine räumliche Trennung von Schauspielern (ohne Masken) und Zuschauerinnen (mit Masken), alle bewegen sich in den Zimmern und oft schmalen Gängen, treppauf und treppab, immerzu durcheinander. Aber das Ganze ist kein Mitmachtheater, im Ineinander des Raums bleiben die Sphären durch die vierte Wand des Theaters getrennt, die hier, wenn auch in Umkehrung der klassischen Personae-Konvention, Maskenform annimmt.

Masken auf, Gruppen gebildet, hinein ins Gebäude, das verwinkelt ist und verschachtelt, ohne natürliches Licht. Rund ein Jahr lang haben die Gewerke neben dem Normalprogramm des Theaters an diesem exterritorialen Ort gearbeitet, um eine kaum übersehbare Zahl von Zimmern, Sälen, Räumen bis ins letzte Detail äußerst liebevoll auf den Stand der zwanziger Jahre zu bringen. Die Inszenierung ist eine Apotheose von Bühnenbild und Kostüm: Cocktailkleider, Hüte, Anzüge, Schnurrbärte, Kopf- und anderer Schmuck aller Art; hinein durch ein Defilée den freien Durchgang behindernder Hemden; gleich unten die Autowerkstatt des George Wilson, irgendwo oben das Wohnzimmer, in dem auch mal das Telefon klingelt, die Tapeten liebevoll ausgewählt. Das Ganze ist wie ein Filmset, aber als Live-Dreh mit dem Publikum als Komparsen, ein Filmset, auf dem man zum Beispiel in eine große Szene mit Tanzeinlage gerät, im Salon, mit Klavier, großer Tisch, die Regalwand mit den Büchern. An der Rückseite dieses Raums ein Kamin, durch den, wer auf die Idee kommt, es zu versuchen, kriechend in ein Kinderzimmer dahinter gelangt.

Die Schauspieler sind hier nicht die Stars, der überdrehte Modus, auf den sie gestimmt sind, nimmt der Sache sogar etwas von ihrem Charme. Der Star ist die Immersion, ist die Hingabe, mit der die Verwandlung der Fabrik in die Roman-Szenerie bewerkstelligt wurde. Der Fabrikbau ist groß und unübersichtlich, ein genauer Plan im Kopf entsteht nur nach und nach. Unten ein Pool und hinter dem Pool als große Wasserfläche das Meer, dessen Horizont sich fast im Dunkel verliert, nur das grüne Leuchten ist zu sehen, das im Roman ein bisschen alles und ein bisschen nichts symbolisiert. Und ganz oben als Ort, der das Maskenabnehmen erlaubt, ein Raum mit Bar und einem kleinen Swing- und Jazz-Orchester, das die ganze Zeit spielt.

In den anderen Räumen dagegen spielt das Theater, und zwar gleichzeitig, unangekündigt, zentrumslos und über die Etagen verteilt, ohne dass das Publikum Informationen erhält, was wann wo zu sehen sein wird. Man ist immer halb im Geschehen, halb nicht, anfangs ganz richtungslos, lernt nach und nach, den Darstellerinnen und Darstellern, dem Plot und der Party durch die Räume zu folgen, was nicht einfach ist, denn es ist nicht immer für alle Platz. Man bewegt sich frei, aber bedrängt, verpasst mit Notwendigkeit ständig etwas, erhascht eine Szene hier, eine da, gerät in etwas hinein, bewegt sich neugierig weiter. So setzt sich das Stück, das den Roman als Rauminstallation mit Spielsituationen reimaginiert, eher kubistisch und für jeden Einzelnen anders neu und etwas erratisch zusammen. Bis zum Finale, bei dem George Wilson erst Jay Gatsby, dann sich selbst tötet. Das wird im größten Raum stattfinden, unten am Pool mit den treppenartigen Bänken, hier wird melodramatisch gespielt, geschossen, gesungen und vom Orchester aufgespielt, die Musiksparte des Theaters ist die ganze Zeit mit von der Partie und kommt final noch einmal ganz groß zum Zuge.

Gatsby! war, wie Maik Priebes *Wege übers Land*, ein Riesenerfolg. Ständig ausverkauft, positive überregionale Kritiken, interessiertes Publikum reiste dafür in den äußersten Osten. Nicht zuletzt war es ein trotziges Signal, wie sich das auch in Görlitz und Zittau keineswegs sprudelnde Geld unter Mobilisierung aller vorhandenen Kräfte in maximale Opulenz umsetzen lässt. Bewundernswert also, als Kraftanstrengung, und auch im Ergebnis, denn alles, was man sich vornahm, ist ohne Frage gelungen. Dennoch ist *Gatsby!* als Immersion in eine ganz andere Welt Symptom und keinesfalls der Versuch einer Deutung der von überwältigenden Krisen gezeichneten Gegenwart. Das Spektakel ist eine aufwändige Übung in Eskapismus, kein Görlitz-, sondern ein Görliwood-Stück. Man wundert sich nicht, wenn man liest, dass zeitgleich Jeff Bezos bei seiner obszönen dreitägigen Hochzeitsfeier in Venedig eine »Great Gatsby«-Themenparty veranstaltet hat. Zum Erfolg und Klassiker ist schon *The Great Gatsby*, der zu Lebzeiten des Autors wenig beachtete Roman, erst post festum geworden: als nachträgliche Verklärung einer Zeit, auf die das Buch selbst ein Abgesang ist. Nostalgie ist der Teufel, der in die Lücke zwischen Gegenwart und Vergangenheit drängt. Dieser *Gatsby!* ist ihm, gerade weil die Sache als *Event* so eindrucksvoll gelingt, ein besonderes Fest.

Wie eine etwas unförmige Trutzburg, oder auch ein jugendstilverschnörkelter Hochbunker, sitzt das im Jahr 1908 eröffnete, in den achtziger Jahren aufwändig rekonstruierte Theater von Cottbus, von einer großen Freifläche mit viel Grün und Wasser umgeben, im Zentrum der Stadt: nicht Teil eines städtebaulichen Ensembles, von keinem anderen Gebäude bedrängt, protziges Zeugnis des durch die Textilindustrie im 19. Jahrhundert reichgewordenen Cottbus, auch dies, wie in Neustrelitz, ein stolzes Bürgertheater. Jeder Besuch ein Schaulaufen, wenn auch ohne Publikum. Wir sind an einem Sonntagnachmittag nach Cottbus gekommen, nehmen hinterher noch den Zug zurück nach Berlin. An der Kasse macht man uns klar, dass das Stück, für das wir gekommen sind, nicht im Trutzbau läuft. Die festlich gekleideten Besucher um uns herum wollen zur Oper *Kleider machen Leute* (vom scheidenden Intendanten Stephan Märki inszeniert, »ein bunter und gut gefüllter Abend«, schreibt *Die deutsche Bühne)*. Wir dagegen werden in die in einem unscheinbaren Nutzbau um die Ecke liegende Kammerbühne geschickt.

Dort läuft, als letzte Neuinszenierung einer scheidenden Intendanz, Fritz Katers Stück *Tesla, die Spree und der Kirschgarten* in der Regie von Armin Petras. Vor drei Jahren hatte Stephan Märki die Dramaturgin Franziska Benack, den quer durch die Sparten tätigen, 1990 geborenen aufsteigenden Star Philipp Rosendahl (in seiner letzten Spielzeit hat er, ich erfinde das nicht, eine gefeierte musikalisch-theatrale *The Great Gatsby*-Show inszeniert) und den Veteranen Armin Petras als Dreierteam und Co-Schauspielchefs ans Haus geholt. Mit Märkis Abschied verlässt auch das Schauspiel-Team das Haus, nach nur drei Jahren.

Armin Petras ist ein vielgereister Mann und ein selbsterklärter »deutsch-deutscher Zwitter«. 1964 in Meschede, also im Westen geboren, aber schon 1968 nahm ihn der Vater, der in der Bundesrepublik als Ostagent tätig war, via Helsinki und Moskau nach Ost-Berlin mit. Petras war früh renitent und inszenierte während des Wehrdiensts Fernando Arrabals *Das Picknick im Felde*, ein pazifistisches Stück. Zum Dank schickte ihn der Staat zur Bewährung in der Produktion in die Petrolchemie nach Schwedt. Studium an der Ernst Busch, unterwegs mit der zusammengewürfelten Theatertruppe Medea Ost, dank Förderung durch die Regie-Legende Friedo Solter 1987 Regisseur der Uraufführung von Heiner Müllers *Wolokolamsker Chaussee I–III* am Theater in Nordhausen, 1987 Ausreiseantrag, im Jahr darauf kehrt er der DDR den Rücken. Nach der Wende wird er nach und nach zu einem der gefragtesten Regisseure, zunächst an gesamtdeutschen Ost-Theatern, von ersten Inszenierungen in Frankfurt (Oder) – bis 1998 gab es da ja noch ein genuines Theater –, dann Chemnitz und Leipzig. Christoph Nix holt ihn nach Kassel, es folgen Intendanzen am Gorki-Theater in Berlin und am Staatstheater Stuttgart, zuletzt nun eben Co-Schauspielchef am Staatstheater in Cottbus.

Schon am Anfang seiner Karriere als Regisseur findet eine Abspaltung statt. Armin Petras erfindet sich ein Alter Ego namens Fritz Kater – als Autor von Stücken (anfangs durchaus entlang der Petras-Biografie), die in der Regel Petras selbst inszeniert. Dabei hat sich Petras als Kater eine alternative Biografie seiner selbst ausgedacht: im Osten geboren, zwei Jahre jünger als Petras, Ausbildung als Fernsehmechaniker, viele Gelegenheitsjobs. Kater schreibt Eigenes, in das er wiederum alles Mögliche an Anspielungen inkorporiert; aber er schreibt auch Vorlagen um – wobei man heute gerne von »Überschreibungen« spricht –, so auch zum Abschied aus Cottbus nach nur drei Jahren mit *Tesla, die Spree und der Kirschgarten*. Da steckt, der Titel macht daraus kein Geheimnis, Anton Tschechow drin, einer der ewig lebendigsten Klassiker des Repertoires, dessen Stücke immer neue Aneigner finden. So war im vergangenen Jahr in Magdeburg, als ausdrücklicher Kommentar zum Erstarken der Rechten im Osten, klug überschrieben und inszeniert von Jan Friedrich, ein ziemlich auf den Hund gekommener *Onkel Werner* zu sehen.

Der Titel der Kater/Petras Produktion *Tesla, die Spree und der Kirschgarten* ist seltsam; der Untertitel *future 1/i hurt myself* seltsamer noch. Sollte von der Spree überhaupt die Rede sein im ganzen Stück, habe ich das leider verpasst. Und auch der Tesla-Bezug bleibt insgesamt eher unterbestimmt. Wer angesichts des Titels ein Recherche-Zeit-Stück wie Calle Fuhrs von der Industrie und der Politik heftig befehdete Cottbuser Erfolgsproduktion *Das Kraftwerk* (über die Wassermafia in der Lausitz) erwartet, wird jedenfalls auf einen falschen Dampfer geschickt. Nun wäre ein solcher Theater-Investigativjournalismus-Hybrid weder die Sache von Kater noch die von Petras, so unberechenbar und eklektisch die beiden auch sind. Was man stattdessen – vor der Pause – bekommt, ist ein *Kirschgarten*-Setting im Gegenwarts-Brandenburg in der Nähe der Tesla-Fabrik, in das nach Lust und Laune aber alles Mögliche hineinplatzen darf, mit Liebe, Frust und Aluhut. Zum Beispiel, im ersten Teil, in dem wenigstens der Tschechow-Bezug noch recht klar ist: ausgedehntes Slapstick-Solo mit rhythmischem Drumstick-Einsatz (Ferdinand Lehmann), dann Band-Livemusik mit Schlagzeug-Einlage. Außerdem allerlei Anspielungen auf Todd Fields Film *Tár* mit Cate Blanchett. (Warum auch immer.)

Das heruntergekommene Gut mit dem Kirschgarten besteht aus zwei verschiebbaren, offenen, eher angedeuteten als architektonisch ausgeführten Häuser (wichtig: ein Schrank), die Bühne hat hinten noch viel wechselnde Schrift auf der Leinwand zu bieten, nicht immer gut lesbar. Die Bauten (Bühne und Kostüm: Patricia Talacko) erinnern ein wenig an den mittleren Bert Neumann im Prater, das immer wieder hyperaktive Agieren passt da gut hinein. Wie auch der nur bedingt motivierte schlingensiefartige Avantgardefilm, der eine Kreuzigung zeigt. Die etwas übertrieben-quatschigen Kostüme, die Lust am Ausbruch, der durchgehende Unernst der Darbietung, ein Darstellungsstil, der jeden psychologischen Realismus durch die eigene, nicht abstrakte, sondern kindergeburtstagsartige Zitathaftigkeit desavouiert, das erinnert alles an unbeschwerte Volksbühnen-Zeiten. Vieles wird angerissen, nichts zu Ende gedacht. Sinnzusammenhang insgesamt: lose. Einfallsdichte: enorm. Spaßfaktor bei allem Elend: schwankend, tendenziell aber hoch.

Nach der Pause ist das alles, Tesla, die ohnehin nie präsente Spree, der Kirschgarten sowie die gesamte Zivilisation, ausgelöscht. Atomkriegs-Postapokalypse mit Livekamera von unter der Erde als ganz kalte Dusche. Per Video-Einspielung eine Elon-Musk-Parodie, im All sind ein paar Restmenschen auf der Suche nach neuen Siedlungsräumen für menschliches Leben unterwegs. Auf Erden berappeln sich die Kirschgarten-Figuren, beziehungsweise das, was von ihnen blieb, in Staub und Wüste Brandenburgs wieder ein wenig und machen am Ende, zum Glück hat Charlotta vor der Pause ihre Eizellen einfrieren lassen, doch irgendwie weiter. Was dann, bei aller Sci-Fi-Verfremdung, zum seinerseits nicht totzukriegenden Tschechow so schlecht gar nicht passt. Tschechow zeigt Menschen, die längst ihrer Illusionen und Utopien beraubt sind, viel schwadronieren und sehr wenig tun, einander, obwohl eigentlich alles zu spät ist, weiter begehren und bedrängen, lieben und hassen. Das alles haben Petras und Kater nun weniger nach Brandenburg als in ein durchgeknalltes Post-Brandenburg verlegt. Und kommen damit der Gegenwart aber doch sehr viel näher, als es die nostalgischen Bezüge auf die sechziger Jahre der DDR und schon gar die zwanziger Jahre der Vereinigten Staaten auch nur zu leisten versuchen.

Wozu Austerität?

Antworten aus dem 20. Jahrhundert

Von Dominik Flügel

Nachdem die Regierungen des globalen Nordens sich mit einer gigantischen Ausweitung ihrer Haushaltsdefizite durch die Corona-Zeit gerettet haben, sind sie mittlerweile fast überall wieder zu strikter Austeritätspolitik zurückgekehrt: In Frankreich, im Vereinigten Königreich und in der Schweiz, um nur einige Beispiele zu nennen, werden zur Zeit heftige Kämpfe darüber ausgetragen, wo im öffentlichen Haushalt gespart werden kann und soll. In Deutschland wiederum sah sich der neue Bundesfinanzminister Lars Klingbeil dazu veranlasst, alle Ressorts per Rundschreiben zu strikter Sparsamkeit aufzufordern. Die Ministerien dürfen nicht nur keine Projekte planen, die zu einer Netto-Mehrausgabe führen, sie sollen überdies auch noch Stellen streichen, und das, obwohl sich die Spielräume für Investitionen durch die Abkehr von der Schuldenbremse de facto vergrößert haben.

Kürzungen im Staatshaushalt, das ist Austerität, wie sie meist verstanden wird, vor allem in den Wirtschaftswissenschaften: Geringere Staatsausgaben (oder höhere Steuern) sorgen für geringere Staatsverschuldung.[1] Es gibt allerdings gute Gründe dafür, Austeritätspolitik nicht nur über den Staatshaushalt, sondern über ihre Effekte auf die Gesamtwirtschaft zu definieren, denn dann lassen sich die Sparprogramme von Regierungen in einen breiteren Zusammenhang einbetten: Sei es durch Stellenabbau in den Bundesministerien oder durch die Kürzung bei Programmen wie zum Beispiel dem Bundesfreiwilligendienst, der Bundeshaushalt 2025 wird in bestimmten Bereichen den Lebensstandard der Bevölkerung senken. Dieser Effekt wird in Kauf genommen, mit der Absicht, Fiskalregeln einzuhalten und Finanzmärkten zu signalisieren, dass der Haushalt langfristig nicht aus dem Ruder läuft.[2]

Unter dieses breitere, auf Effekte abstellende Verständnis von Austerität würde dann auch eine Erhöhung des Leitzinses fallen, obwohl dieser heutzutage meist außerhalb des Entscheidungsbereichs gewählter Regierungen liegt und den Staatshaushalt nur indirekt betrifft. Denn ob der Staat weniger Geld ausgibt oder es qua Zinspolitik verknappt: Die Folge ist, dass weniger davon ankommt, was vor allem bei solchen Haushalten und Unternehmen zu spüren ist, die zuvor mehr darauf angewiesen waren. Sogar die immer häufiger zu hörende Forderung nach längeren Arbeitstagen oder weniger Feiertagen lässt sich in diesem Sinne als Austerität verstehen.

Ob über den Staatshaushalt, die Zentralbankpolitik oder andere Regulierungen – Austeritätspolitik, breit verstanden, basiert auf der Annahme, dass die Bevölkerung zu viel konsumiert und zu wenig produziert. Längere Arbeitszeiten lassen auf stärkeres Wachstum und höhere Steuereinnahmen hoffen, das Schuldenproblem würde sich so langfristig von selbst lösen. Wenn das Wachstum aber nicht reicht, müssen öffentliche Leistungen eben reduziert werden, damit die Schulden langfristig noch bedient werden können. Durch Geldverknappung kann die Zentralbank den Staat zusätzlich disziplinieren, denn natürlich werden auch Staatsschulden durch eine Erhöhung des Zinssatzes teurer.

So erklärt sich, warum Rufe nach Austerität oft nach der unmittelbaren Überwindung von Krisen laut werden. Auf die Bankenkrise 2007/8 etwa folgte unmittelbar ab 2009 eine Staatsschuldenkrise, und es ist einer der großen Framing-Erfolge konservativer Politik, in der Beschäftigung mit Letzterer Erstere vergessen zu lassen:[3] Länder hätten über ihre Verhältnisse gelebt, nicht etwa die Kosten der Bankenrettungen getragen. Und auch das Klingbeil-Memo knüpft an die Politik Christian Lindners an, die darin bestand, im Nachgang zur Covid-Krise die Staatsausgaben zurückzufahren.

1 So definieren etwa der orthodoxe Ökonom Alberto Alesina und Kollegen: »The term ›austerity‹ indicates a policy of sizeable reduction of government deficits and stabilization of government debt achieved by means of spending cuts or tax increases, or both.« Alberto Alesina / Carlo Favero / Francesco Giavazzi, *Austerity. When It Works and When It Doesn't*. Princeton University Press 2019.

2 Claus Hulverscheidt, *Klingbeil fordert Ministerkollegen zu striktem Sparkurs auf*. In: *Süddeutsche online* vom 19. Mai 2025 (www.sueddeutsche.de/politik/bundeshaushalt-larsklingbeil-li.3255300).

3 Björn Bremer, *Austerity from the Left. Social Democratic Parties in the Shadow of the Great Recession*. Oxford University Press 2023.

Wer angesichts dessen nach Orientierung sucht, kann zwei exzellente, kürzlich in Übersetzung erschienene Bücher zu Rate ziehen. Das erste, *Die Ordnung des Kapitals* der Ökonomin Clara Mattei, beschäftigt sich mit Austeritätspolitik in Großbritannien und Italien nach dem Ersten Weltkrieg.[4] Das Zweite, *Gebrochene Versprechen* des Historikers Fritz Bartel,[5] ist eine Geschichte des Kalten Krieges, im Anschluss an den Ölpreisschock von 1973.

Von beiden Büchern können wir lernen, den Blick über die unmittelbare staatliche Haushaltsbilanz hinaus zu richten und danach zu fragen, wer eigentlich für wen sparen soll, wenn Austerität auf der Agenda steht. Bartel nimmt dabei eher einen analytischen Standpunkt ein, er sieht Austerität als die notwendige Selbstkorrektur eines Staates an, der zu hohe Versprechen gegeben hat und um sein Überleben kämpft. Mattei hingegen geht es explizit darum, ihre Analyse für Kämpfe gegen den kapitalistischen Konsens nutzbar zu machen. Aber bei beiden ist Austerität eine Politik, die Kapitalinteressen zugutekommt.

4 Clara E. Mattei, *Die Ordnung des Kapitals. Wie Ökonomen die Austerität erfanden und dem Faschismus den Weg bereiteten*. Übersetzung von Thomas Zimmermann. Berlin: Brumaire 2025 (*The Capital Order. How Economists Invented Austerity and Paved the Way to Fascism*. University of Chicago Press 2022).

5 Fritz Bartel, *Gebrochene Versprechen. Das Ende des Kalten Krieges und der Aufstieg des Neoliberalismus*. Aus dem Englischen von Felix Kurz u. Utku Mogultay. Hamburger Edition 2025 (*The Triumph of Broken Promises. The End of the Cold War and the Rise of Neoliberalism*. Cambridge/Mass.: Harvard University Press 2022).

Die »Erfindung« von Austerität

Die zwei Teile von *Die Ordnung des Kapitals* lassen sich als Aktion und Reaktion verstehen. Im ersten Teil wird die Ideenlandschaft in der Zeit nach dem Ersten Weltkrieg beschrieben. Die zentrale These: Die Verstaatlichung ganzer Industrien und die Einführung einer Quasiplanwirtschaft mit dem Ziel der Rüstungsproduktion eröffneten in Großbritannien und Italien sozialistische Möglichkeitsräume, die – damit beschäftigt sich der zweite Teil des Buches – durch Austeritätspolitik in den 1920ern wieder geschlossen werden sollten.

Da britische Unternehmen während des Ersten Weltkriegs durch Exporte deutlich höhere Profite erzielen konnten als durch die Belieferung der eigenen Armee, wurden diverse staatliche Maßnahmen ergriffen, um die Industrieproduktion in kriegsdienliche Bahnen zu lenken. So wurden etwa Transportunternehmen zu Lieferungen verpflichtet und dazu, ihre Leistung unter den marktüblichen Preisen anzubieten. Weite Teile der Munitionsproduktion wurden direkt verstaatlicht, die Profite der verbliebenen privat betriebenen Firmen gedeckelt. In Italien entschied das Landwirtschaftsministerium, welche Saaten von welchen Betrieben angebaut werden sollten. Arbeiter waren in beiden Ländern durch die hohe Zahl der eingezogenen Soldaten eigentlich in einer exzellenten Verhandlungsposition, wurden durch den Staat aber stark diszipliniert. In Italien etwa galten Arbeiter in bestimmten Fabriken als Soldaten und jede Arbeitsverweigerung somit als Fahnenflucht – mit den entsprechenden Sanktionen.

Durch den erfolgreichen Einsatz staatlicher Planung in Kriegszeiten waren die Imperative des freien Marktes und des Profits als Steuerungselement laut Mattei auch in Friedenszeiten angezählt. So wurde die politische Natur von Ausbeutung offenbar: Der Staat trat an die Stelle von Privatunternehmen und übernahm die Disziplinierung von Arbeiterinnen und Arbeitern, die einschlägigen Theorien zufolge automatisch durch den Markt geschieht, einfach selbst. Mattei: »Mehrwert abzuschöpfen, war nicht länger eine Angelegenheit rein wirtschaftlichen Zwangs, der durch die unpersönlichen Gesetze des Marktes ausgeübt wurde – die Ausbeutung wurde nun durch staatliche Intervention erzwungen«

Den revolutionären Geist, der dieser Erkenntnis entsprang, verdeutlicht Mattei an verschiedenen Experimenten der Epoche. 1919 etwa drohte die Miners' Federation of Great Britain, die etwa eine Million britische Bergarbeiter repräsentierte, mit einem nationalen Streik, sollten ihre Forderungen nicht erfüllt werden. Diese umfassten neben besseren Arbeitsbedingungen auch politisch-systemische Änderungen, die langfristige Verstaatlichung der Zechen und ein Mitbestimmungsrecht der Arbeiter. Um sich Zeit zu kaufen, wandte die Regierung ein heute noch beliebtes Mittel an: Sie setzte eine Kommission ein, die nach ihrem Vorsitzenden, einem Richter, benannte Sankey-Kommission. Zu gleichen Teilen aus Vertretern der Bergarbeiter und drei von der anderen Seite ausgewählten Ökonomen bestehend, kam sie unter breiter Aufmerksamkeit der Medien zu dem Schluss, dass die Profitorientierung der Bergwerke unterm Strich negative Folgen hatte. Die Löhne wurden künstlich niedrig gehalten und Investitionen verschleppt, um kurzfristig Gewinne zu steigern. Diese radikalen Schlüsse in einer von der Regierung eingesetzten Kommission sieht Mattei als Beleg dafür, dass antikapitalistische Positionen zeitweise bis in den Mainstream anschlussfähig waren.

Ein Beispiel für die Absage an Profitorientierung stellte das britische Gildensystem dar, zu dem unter anderem Baugilden zählten, die sich um Regierungsaufträge bewarben und so am Wohnungsbau beteiligten. Das wirtschaftswissenschaftlich streng orthodoxe *Quarterly Journal of Economics* untersuchte die Gilden 1922 empirisch und war erstaunt, wie gut diese wirtschafteten. Die großzügige Lohnfortzahlung im Krankheitsfall etwa führte nicht zu Missbrauch. Im Gegenteil, die Anzahl an Krankheitstagen war geringer als in privaten Unternehmen.

In Italien sprossen Genossenschaften aus dem Boden, die – teils mithilfe des Staates, teils finanziert durch ein Netzwerk genossenschaftlicher Banken – im Krieg verstaatlichte Betriebe aufkauften und ihren Gewinn in Versicherungen und Auszahlungen an alle Arbeiter aufteilten. Diese Genossenschaften waren demokratisch organisiert und wollten ausdrücklich einen Gegenpol zu der in der Privatwirtschaft vorherrschenden Profitorientierung bilden.

Für Matteis Narrativ – dass die beschriebenen Experimente kleingehalten werden sollten – ist es wichtig zu zeigen, dass bei den Architekten der Austeritätspolitik auch ein Bewusstsein über den kritischen Zeitgeist bestand. Hier ist ihr Buch allerdings am wenigsten überzeugend. Denn obwohl sie einige Akten, Vermerke und Zitate zutage bringt, drängt sich eine Alternativerklärung auf: dass nämlich die britischen und italienischen Technokraten das Wirtschaftswachstum steigern wollten, Austerität hierfür als das beste Mittel erachteten und sich vor einem öffentlichen Backlash fürchteten.

Fest steht, dass die austeritätsaffinen Eliten sich intensiv mit der öffentlichen Meinung beschäftigten. Auf den Konferenzen von Brüssel 1920 und Genua 1922 trafen sich Technokraten aus mehreren europäischen Ländern, um über wirtschaftspolitische Lösungen für die hohe Verschuldung nach dem Ersten Weltkrieg zu diskutieren. Die Konferenzen werden von der Geschichtsschreibung generell als weniger wichtig erachtet, weil sich in der Frage von zwischenstaatlicher Verschuldung wenig tat. Mattei hebt dagegen hervor, wie sich in Brüssel und Genua ein internationaler Konsens über die Krise und deren Lösung formierte. Die Teilnehmer diagnostizieren eine Art Anspruchsinflation, die für die angespannte Lage der öffentlichen Haushalte verantwortlich sei.

Die Lösungen, auf die sich die Konferenzteilnehmer (unter denen fast keine Gewerkschaftsvertreter waren) einigen konnten, fasst Mattei unter zwei Begriffen zusammen: »Konsens« und »Zwang«. Geht es bei »Konsens« darum, die Bevölkerung von der Notwendigkeit einer Austeritätspolitik zu überzeugen – etwa indem der Staat als Vorbild voranschreitet und einen ausgeglichenen Haushalt vorweist –, besteht »Zwang« schlicht in der Umsetzung von Austerität, auch gegen Widerstand. Dabei richtete sich das Misstrauen der Technokraten nicht nur gegen linke, sondern allgemein gegen demokratisch gewählte Regierungen. Entscheidungen über Wirtschaftspolitik, befanden sie, sollten der demokratischen Entscheidungsfindung enthoben werden.

Für die wissenschaftliche Rechtfertigung ist im britischen Fall der Ökonom Ralph Hawtrey zentral, der für das Finanzministerium ein mathematisches Modell aufstellte, das vor allem zwischen Sparern und Konsumenten unterscheidet. Vereinfacht gesagt fließt durch die Gleichsetzung von Sparen und Investieren (das umstrittene Saysche Theorem) eine Klassenpolitik in das Modell ein. Wer Geld übrighat, trägt automatisch zu Innovation und Wirtschaftswachstum bei. Wer seine monatlichen Einnahmen direkt wieder ausgibt, steht dagegen im Verdacht, über seine Verhältnisse zu leben, und muss dazu gezwungen werden, weniger zu konsumieren. Mancherorts schlägt diese subtile Klassenpolitik in offenen Klassismus um: »Alles in allem scheint es offensichtlich, dass die Klassen mit niedrigeren Einkommen im Vergleich zu den anderen einen erheblichen Mangel an Qualitäten aufweisen. Daher ist dieser Mangel [deficienza] die Ursache für das niedrigere Einkommen und nicht das niedrigere Einkommen die Ursache für den Mangel.« So wird etwa der italienische Ökonom und Mitarbeiter des Finanzministeriums Maffeo Pantaleoni zitiert.

Wirtschaftspolitische Steuerung richtet sich dieser Schule folgend gegen den Konsum derjenigen Schichten, die nicht sparen (also investieren). Konkret nahm das drei Formen an: erstens fiskalisch, über eine Senkung der Staatsausgaben. Der fielen vor allem die angesprochenen antikapitalistischen Experimente zum Opfer, in Großbritannien etwa das Public-housing-Programm sowie alle Forderungen aus dem Sankey-Abschlussbericht. In Italien wurde zudem das Steuersystem regressiver, so dass die Last anteilig stärker auf unteren Klassen lag. Zweitens monetär: Noch bevor der Monetarismus in den 1970ern Einzug in Zentralbanken hielt, stellte der Leitzins (»bank rate«) einen effektiven Weg dar, Volkswirtschaften abzuwürgen. Dadurch wurde die Verhandlungsposition der Arbeiterklasse geschwächt, was schließlich drittens durch industriepolitische Austerität verfestigt wurde, also eine Einschränkung dessen, was durch Arbeitskämpfe erreicht werden konnte. Auch Privatisierungen fallen in diese Kategorie.

Der Untertitel des Buches – »Wie Ökonomen die Austerität erfanden und dem Faschismus den Weg bereiteten« – wird im siebten Kapitel eingelöst, wenn auch nicht auf eine befriedigende Art und Weise. Mattei verwendet viel Zeit darauf, zu erklären, inwiefern Austerität eine Kontinuitätslinie in der Wirtschaftspolitik Mussolinis ist und inwiefern dies auf vier Ökonomen – zwei davon offene Faschisten, zwei davon liberale – zurückgeht. Diese operierten mit ähnlichen Theorien und Grundannahmen wie in Großbritannien. Wenn aber diese vier Ökonomen erst mit Mussolini an die Macht kamen, fragt sich, wie man davon sprechen kann, Austerität habe dem Faschismus den Weg bereitet. Dennoch steht nach der Lektüre von Matteis Buch außer Frage, dass selbst die liberalen Ökonomen – einer von ihnen, Luigi Einaudi, würde später der erste gewählte Präsident der Republik Italien werden – sich herzlich wenig für die antidemokratischen und gewaltvollen Nebeneffekte der von ihnen bevorzugten Wirtschaftspolitik interessierten.

Bemerkenswert ist in dieser Hinsicht die Beschreibung der Ereignisse in Italien aus der Sicht britischer Beobachter. Diese zeigten sich durchweg beeindruckt von der »Leistung« Mussolinis auf ökonomischem Gebiet. Die politischen Mittel, um dieses Ziel zu erreichen – Schlägertrupps, Verhaftungen, offene Gewalt –, wurden dabei entweder ignoriert oder mit unverhohlenem Rassismus gerechtfertigt: Italiener bräuchten eben eine härtere Hand, denn sie stammen von römischen Sklaven ab, heißt es in einem anonymen internen Papier der Bank of England aus der Zeit.

Die britische Perspektive auf Italien ist nicht nur als Fußnote interessant, britisches (und amerikanisches) Kapital war maßgeblich am Erfolg Mussolinis beteiligt. So verhalfen die Zentralbanken der beiden Länder 1925 und 1926 zu einer Umstrukturierung bestehender Schulden, die es Italien ermöglichten, sich weiter zu verschulden. Gleich im Anschluss an die Umschuldung erhielt die Regierung ein Darlehen in Höhe von 100 Millionen US-Dollar von J. P. Morgan. Als es Italien dann 1926 gelang, den Goldstandard wieder einzuführen,[6] gratulierte kein Geringerer als Winston Churchill, damals Finanzminister. Dieser letzte Erfolg »[krönt] die große Arbeit, die Sie für die Wiederherstellung der italienischen Finanzen geleistet haben«.

Am Ende wurde der Kapitalismus also in beiden Ländern gerettet. Austerität wirkte dabei als »Leitplanke« (Mattei) des Wirtschaftssystems, indem sie jeden fundamentalen Widerstand im Keim erstickte, wobei, zumindest in Italien, offene Gewalt angewendet wurde. Aber auch in England, das ist Mattei wichtig zu betonen, vertrugen sich Austerität und Demokratie nicht gut, nur wurde die Demokratie hier durch eine Auslagerung von Macht an eine unabhängige Zentralbank eingeschränkt.

Gebrochene Versprechen auf beiden Seiten des Eisernen Vorhangs

Die Einordnung von Austerität als Leitplanke des Kapitalismus einerseits und als antidemokratisches Projekt andererseits steht quer zum Narrativ von Fritz Bartels *Gebrochene Versprechen*, das Anfang der 1970er Jahre ansetzt und die Endphase des Kalten Krieges erzählt. Einerseits ist Demokratie in dieser Erzählung der Grund, warum Austerität überhaupt umgesetzt werden kann. Andererseits bedeutet Austerität nicht nur die Rettung des Kapitalismus, sondern hätte auch die Rettung des Kommunismus sein können, wenn man gewagt hätte, sie einzusetzen. Eine der großen Stärken von Bartels Buch ist es, die Erfahrungen dies- und jenseits des Eisernen Vorhangs auf einen gemeinsamen Nenner zu bringen.

Alles beginnt mit dem Ölpreisschock im Jahr 1973, als der globale Marktpreis von Öl von etwa 20 auf über 50 Dollar pro Barrel anstieg und dadurch dem globalen Norden die Grundlage des Wirtschaftswachstums der Nachkriegszeit entzogen wurde.[7] Die billige Energie hatte den westlichen und den östlichen Staaten bis dahin ermöglicht, in Konkurrenz zueinander ihren Bevölkerungen immer höhere

6 Um eine Währung an Gold zu koppeln, muss das Vertrauen in die Währung groß genug sein, dass es nicht zu massiven Goldforderungen kommt. Wenn dies passiert, kann eine Zentralbank versuchen, die Währung zu unterstützen, indem sie gegen Reserven die eigene Währung kauft und so den Kurs hebt. Dies ist aber nur so lange möglich, wie sie über Reserven verfügt. Der Goldstandard wirkt also wie ein externer Austeritätsdruck, weil Regierungen das Vertrauen in ihre Stabilität hochhalten müssen.

7 Die Angaben beziehen sich auf den Wert des Dollars im Jahr 2019.

Lebensstandards zu versprechen. Ein einprägsames Beispiel für diese Konkurrenz ist die »Küchendebatte«, bei der Richard Nixon und Nikita Chruschtschow sich 1959 während einer Messe in Moskau darüber stritten, wer seinen Bürgern die besseren Leben versprechen kann. Bartel: »Vor einem weltweiten Fernsehpublikum pries Nixon das amerikanische [System], in dem sich ›jeder Stahlarbeiter‹ ein Eigenheim samt Geschirrspüler und Farbfernseher leisten könne. Chruschtschow prahlte, im Kommunismus hätten die Arbeiter ein ›Recht auf Wohnen‹, und erklärte, innerhalb von sieben Jahren werde die Sowjetunion ›Amerikas Niveau erreichen, und dann gehen wir noch weiter. Wenn wir an euch vorbeiziehen, winken wir freundlich, und wenn ihr wollt, halten wir an und laden euch ein: Kommt bitte gern hinter uns her.‹«

Versprechen sind das zentrale Motiv des Buches, das sich mit dem Satz zusammenfassen lässt, »[d]er Kalte Krieg begann als Rennen darum, Versprechen zu *geben*, aber endete als Rennen darum, Versprechen zu *brechen*«. Wurde der Systemwettbewerb zunächst als ein Wettbewerb um die leistungsfähigeren und zugleich billigeren Kühlschränke und Toaster ausgetragen, ging es ab 1973 um das Gegenteil: Wem gelingt es besser, versprochene materielle Verbesserungen nicht umzusetzen und trotzdem als politisches System zu überleben? Und hier hatten die demokratischen Staaten des Westens, so Bartels These, einen entscheidenden Vorteil: »Der demokratische Kapitalismus setzte sich im Kalten Krieg durch, weil er imstande war, sich ökonomische Disziplin aufzuerlegen; der Kommunismus kollabierte, weil ihm dies nicht gelang.«

Um den Druck zu verdeutlichen, der auf den beteiligten Staaten lastete, schildert Bartel ausführlich, wie sich in den siebziger Jahren eine Privatisierung des Kalten Krieges vollzog. Während Finanzen in Zeiten des Nachkriegsbooms eine untergeordnete Rolle gespielt hatten, wurde Geld nach 1973 zu einer zentralen Ressource. Dies hatte den Aufstieg von Kapitalmärkten im Allgemeinen und den »euromarkets«[8] im Besonderen zur Folge. Zwischen 1970 und 1980 verzehnfachte sich das Volumen des auf diesen Märkten gehandelten Kapitals nahezu. Kontrolle über diese Märkte wurde zu einem essenziellen Vorteil im Kalten Krieg.

Polen und Ungarn sind dafür instruktive Beispiele. Während die gestiegenen Ölpreise Produktionskosten in die Höhe trieben, wurde das Geld, das die Förderländer mit dem teureren Öl verdienten, auf den Euromärkten angelegt. Auf diesen fingen beide Länder nun an, sich massiv Geld in westlicher Währung zu leihen, um ihre gestiegenen Importe zu bezahlen. Eine der vielen Ironien, die Bartel aufzeigt, besteht darin, dass westliche Banken eine Zeitlang die kommunistischen Satellitenstaaten mitfinanzierten. Als Schnittstelle dieser Finanzierung dienten Bankiers wie der Pole Jan Wołoszyn. Sie waren trotz ihres kommunistischen Hintergrunds sehr beliebt bei den westlichen Banken, wie Bartel anhand von Zitaten aus der Finanzpresse zeigt: »Im Bankgeschäft ›kommt es auf den Menschen an‹, erklärte Euromoney,

8 Der Name hat nichts mit der europäischen Währung zu tun, sondern bezeichnet Kapitalmärkte, auf denen mit einer Währung gehandelt wird, aber außerhalb des für die Währung verantwortlichen Staates. In diesem Fall handelt es sich meist um Euro-Dollar-Märkte.

und so habe Wołoszyn ›mit seinem Charisma, Ansehen und seiner Persönlichkeit viele Banken davon überzeugt, Polen Kredite zu geben‹.« Diese Männer gewannen durch ihr seriöses Auftreten das Vertrauen kapitalistischer Banken. Sie gingen zudem davon aus, dass ihre Anlage durch die autoritären Institutionen und im Zweifelsfall durch die Sowjetunion als *lender of last resort* gesichert war. Doch Ende der 1970er Jahre zeichnen sich Risse im Vertrauen der Finanzmärkte ab. Die Menge geliehenen Kapitals und der rapide Anstieg der Verschuldung weckten Zweifel, ob diese Schulden langfristig würden bedient werden können.

Hier tut sich – zuerst für Polen – eine Alternative auf, die sich allen im Buch besprochenen Ländern in der einen oder anderen Form immer wieder anbietet: die zwischen Austerität (dem »Brechen von Versprechen«) und einer allmählichen Abgabe von politischer Souveränität an die eigene Bevölkerung oder an internationale Institutionen. Schon früh waren der polnischen Elite die Probleme bewusst, die sie sich mit der Verschuldung einkaufte. Ihr Überleben hing davon ab, dass auf Dauer genug Devisen ins Land kamen, denn die Schulden waren nicht in eigener Währung denominiert. Solange mehr importiert als exportiert wurde, war das Gegenteil der Fall. Devisen, die für Exporte ins Land kamen, reichten nicht, um die Importe zu bezahlen, geschweige denn Schuldenabbau zu betreiben. Dieses Verhältnis konnte nur umgedreht werden, indem man bewusst die Lebensstandards und damit Importe senkte – durch Austerität.

Genau daran versuchte sich Polen im Jahr 1976. Während Austerität bei Clara Mattei einen der drei Wege kapitalistischer Staaten gehen musste – fiskalisch über die Staatsausgaben, monetär über Zentralbankpolitik oder industriepolitisch über die Regulierung von Arbeitskämpfen –, kommt bei Bartel eine vierte, nichtkapitalistische Option hinzu: die Preissteuerung. Da Preise in den Ländern des Ostblocks politisch bestimmt wurden, stellten sie den einfachsten Weg dar, Nachfrage zu steuern. 1976 visierte die polnische Regierung eine drastische Erhöhung der Lebensmittelpreise um 60 Prozent an. Doch schon die Ankündigung dieser Preissteigerung löste in einem solchen Umfang Streiks und Demonstrationen aus, dass die Regierung den Plan bis auf Weiteres aussetzte.

In den Jahren 1980/81 versuchte es die polnische Regierung erneut, diesmal indem sie die Gewerkschaft Solidarność und die Kirchen für den Plan zu vereinnahmen versuchte. Doch diese verlangten zu viel demokratische Mitbestimmung. Die Zusammenarbeit scheiterte, und die Krise endete 1981 mit der Verhängung des Kriegsrechts. Demonstrationen wurden brutal niedergeschlagen, die Solidarność-Führung wurde verhaftet. So konnte Polen Austerität zwar autoritär umsetzen, doch zementierte sich der Vertrauensverlust in die Regierung, der nicht mal ein Jahrzehnt später zum Fall des kommunistischen Staates führen sollte.

Anhand des Vereinigten Königreichs zeigt Bartel, wie Austerität nahezu zeitgleich unter demokratischen Bedingungen verwirklicht werden konnte. Hier nahm die Krise nicht die Form einer Schulden- und Bilanzkrise an (mehr Importe als Exporte, nicht genügend Devisen, um Schulden abzubezahlen), sondern die einer Währungskrise. Bartel: »Da westliche Währungen im Gegensatz zu denen des

Ostblocks frei konvertierbar waren, firmierten die Krisen auf beiden Seiten des Eisernen Vorhangs jeweils unter anderem Namen. Während westliche Gesellschaften von Währungskrisen geplagt waren, wurden die Ostblockstaaten von Schuldenkrisen heimgesucht. In beiden Fällen handelte es sich jedoch nur um unterschiedliche Manifestationen ein und desselben Phänomens: Das internationale Kapital hatte die Zuversicht in die Tragfähigkeit der betreffenden Volkswirtschaften verloren.«

Das sinkende Vertrauen in das Vereinigte Königreich seitens der Finanzmärkte zeigte sich darin, dass Anleger aus dem Pfund ausstiegen. Um den Wert des Pfunds zu stützen, brauchte die Bank of England Reserven anderer Währungen, die sich die britische Regierung von den USA, Deutschland und dem Internationalen Währungsfonds lieh. Letzterer verlangte als Bedingung eine Umstrukturierung der Wirtschaft, kurz: Austerität. Ein britischer Beobachter fasste die Situation auf eine Weise zusammen, die stark an die von Mattei zitierten Austeritätsexperten erinnert: »›Das Grundproblem ist, dass die Wähler keine Haushaltsbeschränkungen kennen.‹«

In den Augen vieler Beobachter stellten die Gewerkschaften dabei das zentrale Hindernis dar, weil sie auf jede Preiserhöhung eine Lohnerhöhung folgen ließen. Statt einer sinkenden Lebensqualität hatte jegliche Wirtschaftspolitik also Inflation zur Folge. Im »Winter of Discontent« 1978/79 etwa bestand die Reaktion auf die Austeritätspolitik (von Margaret Thatchers Labour-Vorgänger James Callaghan) in derart heftigen Streiks, dass es zu Engpässen in der Medikamentenversorgung kam. Nach Bartel waren es insbesondere zwei strategische Kniffe, die Thatcher die Umkehrung der Verhältnisse ermöglichten.

Erstens gelang es ihr, sich von der Vorgängerregierung zu distanzieren und ihre eigenen Reformen als notwendige Antwort auf die verfehlte Politik der siebziger Jahre zu präsentieren.[9] Im autoritären Polen war dies nicht möglich, weil ja immer die gleiche Partei regierte. Eine Kritik der Regierungspolitik war also immer auch eine Kritik am Staat als solchem. Zweitens unterfütterte Thatcher ihre Reformen mit neoliberaler Ideologie, die einen Rückzug des Staates propagierte, der in der Tradition des Marxismus-Leninismus nicht vermittelbar gewesen wäre.[10] So gelang es Thatcher mit dem Haushalt von 1981, eine Wende in der britischen Wirtschaftspolitik einzuläuten, die zunächst vor allem die unteren Schichten der britischen Gesellschaft belastete. Und tatsächlich begann die britische Wirtschaft ab 1981 wieder zu wachsen.

Auch bei den beiden Hauptakteuren des Kalten Kriegs sind in Bartels Narrativ Energie und Finanzen zentral. Zu Ende der Siebziger war nicht nur das britische Pfund in Gefahr, sondern auch der US-Dollar. Inflation und eine zeitweise Abwertung gegen-

9 Dies ist die »economy-polity-distinction«, wie Max Krahé in seiner Besprechung von Bartels Buch erläutert. Max Krahé, *No Alternative?* In: *Phenomenal World* vom 25. März 2023 (www.phenomenalworld.org/reviews/broken-promises/).

10 Es gibt noch weitere Faktoren, die den Erfolg Thatchers erklären, etwa den für sie zu einem günstigen Zeitpunkt ausbrechenden Falklandkrieg, der die Briten in einer Welle von Nationalismus hinter ihrer Premierministerin vereinte. Auch taten die Gewerkschaften ihr Übriges, die Bevölkerung gegen sich aufzubringen, indem sie sogar Krankenhäuser bestreikten und wenig Mitleid für die nicht versorgten Patienten zeigten.

über dem Yen spiegelten die Unsicherheit globaler Anleger bezüglich der langfristigen Vertrauenswürdigkeit des Dollar wider. Dieses Vertrauen wieder herzustellen, kam dem noch von Jimmy Carter ernannten Zentralbankchef Paul Volcker zu. Dieser wartete die Wahl Reagans im Jahr 1980 ab, um den Leitzins auf über 20 Prozent zu erhöhen (die höchsten Zinssätze seit der Geburt Jesu Christi, kommentierte Helmut Schmidt). Die unmittelbaren Folgen waren dramatisch: eine Rezession, steigende Arbeitslosigkeit und eine im internationalen Vergleich geschwächte Industrie.[11] Reagan nutzte diese Schwächung der Arbeiterklasse, um die monetäre Austeritätspolitik Volckers durch eine industriepolitische zu ergänzen. Das stärkste Beispiel hierfür war die Entlassung von 11 000 streikenden Fluglotsen. Amerikanische Löhne wurden so von Produktivitätssteigerungen entkoppelt – und sind es bis heute.

Eine indirekte Folge dieser kleinen Revolution war eine radikale Neuordnung der internationalen politischen Ökonomie. Die hohen Zinssätze machten eine Anlage in den USA deutlich attraktiver. Das starke Leistungsbilanzdefizit, das auch Donald Trump noch schlaflose Nächte bereitet, nimmt hier seinen Anfang. Die gesteigerte Verfügbarkeit von Kapital ermöglichte es den USA, die massiven Haushaltsdefizite zu finanzieren, die Reagans Steuersenkungen und Aufrüstungspolitik mit sich brachten. Die Umkehr der Kapitalflüsse war nicht geplant, und die Experten hinter Reagan waren selbst überrascht, dass die monetäre und industriepolitische Austerität sich so gut mit immensen Mehrausgaben für Aufrüstung in Einklang bringen ließ.[12] Auf der anderen Seite des Eisernen Vorhangs hatte die Sowjetunion nicht so viel Glück. Die finanzielle Bedrängnis, in die sie im Laufe der siebziger Jahre geraten war, wurde 1985/86 noch verschärft, als ein Fall des Ölpreises sie dazu zwang, sich in Fremdwährung zu verschulden.

Bartel grenzt sich bewusst von historiografischen Narrativen ab, die das Ende des Kalten Kriegs vor allem als Geschichte der persönlichen Beziehung zwischen Reagan und Gorbatschow erzählen. Für ihn ist Geopolitik eine Folge materieller Bedingungen. Der Betonung diplomatischer Glanzleistungen stellt er die Beschreibung des ökonomischen Gleichgewichts der beiden Supermächte entgegen. Die Sowjetunion konnte es sich schlicht nicht leisten, beim Aufrüsten mitzuhalten. Die Abrüstungsverhandlungen waren für Gorbatschow eine willkommene Möglichkeit, Ressourcen von der Waffenindustrie abzuzweigen, um die Senkung des Lebensstandards innerhalb der Sowjetunion unbedingt zu vermeiden.

Auch die Breschnew-Doktrin, also das (militärische) Intervenieren in den Satellitenstaaten, fiel diesem Imperativ zum Opfer. »›Die UdSSR kann […] nicht mehr einspringen‹«, zitiert Bartel Gorbatschow im Jahr 1986. Eine weitere Ironie dieser Geschichte ist, dass sich die Sowjetunion sogar von Helmut Kohl dafür bezahlen lässt, die in der DDR stationierten Soldaten abzuziehen. Diese wären nach einer frühen

11 Vgl. Tim Barker, *Das Blut der Anderen. Der Volcker-Schock und die Folgen*. In: *Merkur*, Nr. 842, Juli 2019.

12 Für ein weiteres Beispiel für einen »inadvertent« Übergang zum Neoliberalismus vgl. Nicholas Mulder, *The Neoliberal Transition in Intellectual and Economic History*. In: *Journal of the History of Ideas*, Nr. 84/3, Juli 2023.

Währungsreform in D-Mark zu bezahlen und somit unmöglich zu finanzieren gewesen.

Auch in der DDR fand während der siebziger Jahre eine Verschuldung bei kapitalistischen Banken statt. Immer mehr zog sich die Sowjetunion aus den oben beschriebenen Gründen von ihrer Rolle als Energielieferant und militärischer Schutzpatron zurück. Eindrücklich beschreibt Bartel, wie jedes Mal, wenn ein Vertreter der DDR nach Moskau reiste und ohne die erhofften Energie- oder monetären Subventionen zurückkam, die Frustration stieg. Die Besonderheit besteht hier darin, dass mit der Bundesrepublik ein finanzstarker Geldgeber zur Seite stand, der im Gegensatz zum IWF, mit dem Polen und Ungarn Vorlieb nehmen mussten, zunächst keine ökonomischen Bedingungen stellte, sondern nur auf offenere Grenzen pochte. Dieser Option wandte sich die DDR nach und nach zu.

Liberalisierung also als letzter Ausweg eines in die Ecke gedrängten Regimes. Warum etwa wurde die aufkeimende Bürgerrechtsbewegung nicht brutal niedergeschlagen? Die späte DDR konnte ohne die Devisen, die ihr die Bundesrepublik lieferte, nicht leben. Ebenso war sie immer noch auf Kredite von westlichen Banken angewiesen. Beide hätten im Falle von Gewalt den Geldhahn zugedreht. Am Ende waren die Beteiligten selbst überrascht, wie schnell es ging. Kohl soll noch 1989 zu einem Berater gesagt haben: »Wir waren uns einig: Selbst wenn die Einheit erst am Ende dieses Jahrhunderts erreicht sein sollte, wäre das ein Glücksfall der Geschichte.« Nur elf Monate später kam die Wiedervereinigung. Eine letzte Besonderheit und ein von Bartel angeführtes bemerkenswertes Detail ist die Tatsache, dass die Bedrängnis, in der die DDR zu stecken dachte, viel schwächer war als gedacht. Als die Bundesbank in den 1990er Jahren die Bilanzen der späten DDR nachrechnet, stößt sie auf Fehler: Die DDR-Elite hatte geglaubt, mit 20,6 Milliarden US-Dollar verschuldet zu sein, tatsächlich waren es nur 10,8 Milliarden.

Austerität heute

Während beide Bücher mit einer ähnlichen Vorstellung davon operieren, was Austerität ist, gehen sie in der Frage, was Austerität soll, auseinander, zumindest auf den ersten Blick. Implizit scheint sich Bartel mit seinen Akteuren einig zu sein, dass Austerität keine Klassenpolitik ist, sondern ein Mittel, das Außenhandelsdefizit auszugleichen. Weniger Importe bedeuten mehr Mittel zum Abbezahlen von Schulden. Die Bevölkerung ist das Opfer dieser Konsolidierungen. Für Mattei hingegen ist dieselbe Bevölkerung der Gegner, der das System infrage stellt und unterdrückt werden soll.

Was sagen uns diese historischen Perspektiven über die Gegenwart? Bei Bartel liegt eine Übertragung recht nahe: Krisen und Transformationen (im historischen Beispiel der Ölpreisschock) ziehen nach sich, dass Teilen der Bevölkerung Einschnitte zugemutet werden müssen. Die Ampel-Koalition, die immerhin den Versuch einer Dekarbonisierung unternommen hat, kann ein Lied davon singen, wie es ist, vermeintliche Verlierer einer Transformation und ihre medialen Fürsprecher gegen sich zu haben. Dass sie unter demokratischen Bedingungen umgesetzt werden sollte, hat der grünen Transformation – oder was von ihr übrig ist – bislang wenig geholfen. Eine grüne Margaret Thatcher, die die Bevölkerung von der Notwendigkeit einer radikalen Neuordnung der Wirtschaft überzeugen könnte, steht nach wie vor aus.

Mattei dagegen lässt sich schwerer ins Heute übertragen, auch wenn sie ihr Buch ausdrücklich als Ressource in politischen Kämpfen verstanden wissen will. So liegt es fern, Austerität heute als Waffe gegen sozialistische Bewegungen zu verstehen. Erstens scheinen diese schlicht zu marginal, um eine Bedrohung des kapitalistischen Mainstream darzustellen. Zweitens kann man zynisch konstatieren, dass Sparpolitik gar nicht die effektivste Waffe ist, um den Kapitalismus gegen links zu verteidigen. Dass linke Protestbewegungen der 2010er Jahre im Sande verlaufen sind, führt eine politikwissenschaftliche Studie etwa darauf zurück, dass Zentralbanken gezielt die Geldpolitik gelockert haben, also das Gegenteil von Austerität.[13] In dieser Logik ist es erfolgversprechender, Bürger durch Kompensation zu demobilisieren, statt ihre Wut mit Austerität noch anzustacheln. Manche Bewegungen wie Occupy Wall Street sind überhaupt erst aus Anti-Austeritäts-Protesten hervorgegangen. Selbst wenn man Mattei nicht glaubt, dass Austerität üblicherweise eingesetzt wird, um progressive Politik zu unterbinden, so ist es allerdings häufig ihre Wirkung.

Nimmt man beide Bücher gemeinsam in den Blick, lassen sich drei weitere Erkenntnisse gewinnen. Erstens: Kapitalströme sind die Master-Variable einer globalen Ökonomie. Ohne das Vertrauen der Finanzmärkte wäre Mussolinis Regime schnell eingeknickt; und auch Reagans Aufrüstung-cum-Austeritäts-Experiment wäre gescheitert. Das Einzige, was Donald Trump bisher Einhalt gebieten konnte, war eine kleine Panik auf Märkten für amerikanische Staatsanleihen.[14] Der globale Süden ist diesen Bewegungen noch schonungsloser ausgesetzt, da die Zentralbanken des Nordens maßgeblich über die Verfügbarkeit von Kapital entscheiden und somit auch darüber, wie viel in den Süden abfließt.[15] Auf der sonnigen Seite des Vertrauens von Finanzmärkten kann sich Deutschland mehrmals 100 Milliarden Euro über einen kurzen Zeitraum leihen, ohne größere Finanzierungsprobleme.

Zweitens sind sich Mattei und Bartel einig, dass Austerität die Antwort auf eine Systemfrage ist, die sich infolge einer Krise stellt. Matteis Narrativ kann mitunter unbefriedigend oder erzwungen wirken,[16] weil sie den Kampf um Austerität als eine direkte Auseinandersetzung zwischen dem System und seinen Gegnern darstellt, was nicht immer reibungslos zum empirischen Material passt. Doch Bartel zeigt uns, dass Austerität indirekt tatsächlich immer auch ein Kampf um das Überleben des Systems ist. Das des Westens hat überlebt, das des Ostens nicht.

13 Federica Genovese u.a., *The Eurotower Strikes Back: Crises, Adjustments and Europe's Austerity Protests*. In: *Comparative Political Studies*, Nr. 49/7, 2016.

14 Winand von Petersdorff-Campen, *Trump knickt vor den Anleihemärkten ein*. In: *FAZ online* vom 10. April 2025.

15 Joseph Stiglitz, *Debt is crushing the developing world*. In: *Financial Times* vom 2. Juni 2025 (www.ft.com/content/29a0f7fa-1871-4012-a730-48717fc61ecb).

16 Eine ähnliche Kritik formuliert Quinn Slobodian in seiner Rezension *Clara Mattei. »The Capital Order: How Economists Invented Austerity and Paved the Way to Fascism«*. In: *American Historical Review*, Nr. 129/3, September 2024.

Die Lektüre von Bartels Buch lässt progressive Leser zwar enttäuscht zurück, denn Austerität und das Aufkommen des Neoliberalismus zeigen sich als der einzige Weg, den demokratischen Kapitalismus zu erhalten.[17] Doch gerade hier könnte es helfen, mit Mattei auch Alternativen außerhalb des Kapitalismus mitzudenken. Wie sie anhand der Genossenschaften und Gilden in Italien und Großbritannien zeigt, müssen diese Alternativen gar nicht mit einer Revolution beginnen, sondern können sich im Kleinen, Lokalen entwickeln.[18]

In einem letzten Punkt aber lassen sich die beiden Perspektiven nicht so leicht zusammenbringen, nämlich dem Verhältnis von Austerität und Gewalt. Bei Mattei sind diese zwei miteinander verstrickt, ein »unbesiegbares Duo«. Die Wirtschaftsordnung wird entweder direkt durch staatliche Gewalt erhalten oder indirekt, indem Staatsgewalt an unabhängige Zentralbanken ausgelagert wird. Bei Bartel ist die Verbindung historisch kontingent: In der DDR konnte Sparpolitik nicht durch Repression durchgedrückt werden, weil dadurch der Westen als Geldgeber abgesprungen wäre. Die Sowjetunion verzichtete zunächst auf Gewalt in den Satellitenstaaten und auf Aufrüstung, um der Bevölkerung keine Austerität zuzumuten. Doch schon kurz nach dem Zeitraum, dem sich Bartel in *Gebrochene Versprechen* widmet, gehörten Gewalt und Austerität in der Sowjetunion wieder zusammen. Als Boris Jelzin 1993 das Militär auf das russische Parlamentsgebäude schießen ließ, um die postkommunistische Schocktherapie umzusetzen, vor der sich Gorbatschow in den achtziger Jahren gefürchtet hatte, starben fast zwanzig Menschen.

17 »There was no alternative«, konstatiert etwa Max Krahé.

18 Vgl. Aaron Benanav, *Beyond Capitalism – I*. In: *New Left Review*, Nr. 153, Mai/Juni 2025 (newleftreview.org/issues/ii153/articles/aaron-benanav-beyond-capitalism-1).

Tod und Nachleben des Verbrenners

Von Jan Wetzel

Die Tage des Verbrennungsmotors sind gezählt. Auch wenn er den Straßenverkehr heute noch dominiert und die Antriebswende deutlich langsamer vorangeht, als man noch vor wenigen Jahren hoffte: Im Lauf der nächsten Jahrzehnte wird er erst seine dominierende Stellung als Antriebstechnologie verlieren und schließlich in einer Nische verschwinden. Eigentlich könnte die Geschichte damit beendet sein. Eine veraltete Technologie wird durch eine neue, bessere abgelöst, der Verbrenner durch den Stromer ersetzt.

Aber ist es so einfach? Marshall McLuhan hat beobachtet, dass neue Medientechnologien ihre Vorgänger selten vollständig verdrängen. Was technisch obsolet wird, verschwindet nicht einfach – es wird transformiert. Alte Medien bestehen weiter, oft in veränderter Form.[1] Das scheint nicht nur für Medientechnologien zu gelten, sondern für Technologien überhaupt, auch für den Verbrennungsmotor.

Antriebswende als Wertewandel

Man mag eine solche Perspektive als medientheoretische Spitzfindigkeit abtun. Doch damit würde man verkennen, dass die Antriebswende im privaten Individualverkehr mit ganz konkreten gestalterischen Herausforderungen verbunden ist. Autos sind für viele Hersteller und ihre Kunden nicht bloß Maschinen, die Menschen und ihr Gepäck von A nach B bringen. Sie sind Amalgame aus Technik und Ästhetik, aus Gewohnheits- und Liebhaberwerten. Ein Auto zu bauen heißt, all diese Werte in ein marktfähiges Produkt zu überführen.

Mit der Antriebswende wird die automobile Wertordnung neu konfiguriert. Der Grund dafür ist zunächst ein physikalischer. Der Verbrennungsmotor funktioniert, indem er ein Gemisch aus Luft und Kraftstoff zündet. Dabei entsteht ein explosionsartiger Druck, der den Kolben in Bewegung setzt. Eine komplizierte und stark beanspruchte Mechanik übersetzt diese lineare Kraft in Drehmoment. Das ist ineffizient. Nur ein gutes Viertel der chemischen Energie des Brennstoffs wird in Bewegungsenergie umgesetzt. Der Rest wird zu Wärme, die aufwändig abgeführt werden muss. Versagt die Kühlung, schmelzen Dichtungsgummis, schmiert das Öl nicht mehr, entzündet sich der Brennstoff unkontrolliert, reißt das Metall; in wenigen Minuten zerstört der Motor sich selbst.

Der elektromagnetische Antrieb wirkt im Vergleich unspektakulär. Ein feststehender Teil – der sogenannte Stator – erzeugt mithilfe elektrischen Stroms ein rotierendes Magnetfeld. Dieses versetzt den sogenannten Rotor – das bewegliche Bauteil im Inneren – in Drehung. Ein Getriebe ist überflüssig, da die Drehbewegung

1 Marshall McLuhan / Eric McLuhan, *Laws of Media: The New Science*. University of Toronto Press 1988.

direkt anliegt. Der Elektromotor ist einfacher konstruiert als ein Verbrenner, benötigt weniger Bauteile und ist dadurch wartungsärmer, zuverlässiger und langlebiger. Zudem nutzt er die eingesetzte Energie wesentlich effizienter. Sein Wirkungsgrad ist drei- bis viermal so hoch wie der des Verbrennungsmotors.

Als der Individualverkehr Ende des 19. Jahrhunderts motorisiert wurde, war keineswegs ausgemacht, welcher Antrieb sich durchsetzen würde. Elektrische, dampf- und benzinbetriebene Fahrzeuge entwickelten sich parallel, und der Stromer galt zunächst durchaus als zukunftsfähige Option. Im Deutschen Reich avancierte die Reichspost zu seinem wichtigsten Förderer. Schon vor dem Ersten Weltkrieg begann sie, eine Flotte elektrischer Lieferfahrzeuge aufzubauen, die sie bis in die Jahre nach dem Zweiten Weltkrieg betrieb.

Dass sich der elektrische Antrieb trotz seiner konstruktiven Überlegenheit lange nicht gegen den Verbrennungsmotor durchsetzen konnte, lag vor allem an seiner Energiequelle. Die geringe Leistungsfähigkeit früher Batterien begrenzte Motorstärke und Reichweite elektrischer Fahrzeuge deutlich. Damit waren sie zwar, wie bei der Reichspost, für kurze Fahrten mit moderater Geschwindigkeit und vielen Stopps geeignet. Doch je schneller und weiter man fahren wollte, desto unpraktischer wurde der Stromer – so dass er in den 1920er Jahren weitgehend vom Markt verschwand. Gegen die sagenhafte Energiedichte fossiler Brennstoffe hatte die Batterie keine Chance. Die entstehende Pfadabhängigkeit – zementiert durch Raffinerien, Pipelines, Tankstellen und industrielle Massenproduktion – tat ihr Übriges.

Die politischen Kontexte einmal ausgeklammert, brachte den Wandel erst eine neue Batteriegeneration, allen voran der Lithium-Ionen-Akku. In den 1970er Jahren entwickelt, kam er ab den neunziger Jahren zunächst im Kleinstformat mobiler Elektronik zum Einsatz. Diese technische Genealogie spiegelt sich in der Herkunft der chinesischen Automobilkonzerne. BYD, Xiaomi oder Huawei begannen als Hersteller von Batterien, Mobiltelefonen und aller Art elektronischer Geräte.

Zwar ist auch nach jahrzehntelanger Forschung und Milliarden an Investitionen die Energiedichte fossiler Brennstoffe noch immer rund vierzigmal höher als die der modernsten Akkus. Doch weil der Elektromotor kaum Energie verschwendet, reichen diese inzwischen für vergleichbare und zunehmend bessere Fahrleistungen. Die Batterie wird damit zur energetischen Schlüsseltechnologie – zum Öl des 21. Jahrhunderts.

Verallgemeinerung des automobilen Luxus

Mit dem Fortschritt in der Batterietechnik kann der Stromer seine konstruktionsbedingten Vorteile insbesondere in zwei Bereichen zunehmend ausspielen: Leistung und Komfort.

Leistungsstärker sind Stromer, weil sie mit deutlich weniger mechanischen Zwischengliedern auskommen. Die chemische Energie ihres Speichers wird viel direkter an die Räder übertragen, was vor allem bei der Beschleunigung spürbar wird. Begünstigend auf die Fahrleistung wirkt sich dabei der schwere Akku im Fahrzeugboden aus. Er wirkt den Fliehkräften in Kurven entgegen und verbessert so die Fahrstabilität. Tesla hat die Möglichkeiten elektrischer Kraftprotzerei mit seinem Model S Plaid von 2023 auf die Spitze getrieben. Die Limousine beschleunigt wie ein Formel-1-Wagen, wird aber in Serie gefertigt, ist alltagstauglich, legal und kostet nur einen Bruchteil eines Rennboliden.

Noch deutlicher zeigt sich die Überlegenheit des Stromers im Bereich des Komforts. Heute ist weitgehend vergessen, dass schon seit den Anfängen des Verbrennungsmotors versucht wurde, diesen dem Komfortniveau des Elektroantriebs anzunähern. Ein frühes Beispiel ist der 1911 erfundene elektrische Anlasser – ein kleiner Stromer im Verbrenner –, der das bis dahin nötige mühsame Kurbeln beim Starten überflüssig machte. Als der Stromer in den 1910er Jahren allmählich zum Randphänomen wurde, versuchten Hersteller, seine sanfte und saubere Fahrweise gezielt als weiblich zu vermarkten – ein Versuch, aus der geschlechtlichen Codierung der Technik noch etwas Kapital zu schlagen.[2]

Überhaupt bedeutete Luxus in der alten automobilen Wertordnung vor allem, technische Unzulänglichkeiten zu kaschieren. Das Automatikgetriebe sollte die Kompliziertheit der mechanischen Schaltung vergessen machen. Das erhabene Fahrgefühl in einem Rolls-Royce beruhte auf überdimensionierten Motoren mit vielen Zylindern sowie aufwändiger Lagerung und Dämmung, die das Dröhnen des Motors dämpften. All diese Probleme hat der Elektromotor nicht, kennt er doch keine verbrennungsbedingte Unruhe.

Damit setzt sich eine Entwicklung fort, die Werner Sombart bereits um 1900 als zentrales Kennzeichen des modernen Kapitalismus beschrieb: die Verallgemeinerung des Luxus.[3] Sobald nicht mehr ständische Schranken, sondern das Profitinteresse der Produzenten das wirtschaftliche Geschehen bestimmt, wird die Exklusivität des Luxus untergraben: durch Massenproduktion und technologische Innovation. Was einst elitäres Privileg war, wird zur serienmäßigen Selbstverständlichkeit. Heute beschleunigt ein Mittelklasse-Stromer sanfter als ein alter Rolls-Royce und schneller als ein alter Ferrari.

Der Authentizitätswert des Verbrenners

Doch eine konkrete historische Technologie ist eben, wie McLuhan betonte, keine Einheit, sondern ein Bündel von Qualitäten. Die Antriebswende verallgemeinert (und entwertet) zwar Leistung und Komfort der Automobilität. Zugleich bringt sie jedoch Eigenschaften früherer Technologien zurück oder macht den Verlust gewisser Qualitäten spürbar. Ein Echo vergangener Technologien zeigt sich etwa in der Möglichkeit der Selbstversorgung. Wer sein Elektroauto mit Strom aus der eigenen Photovoltaikanlage lädt, erinnert an den Gutsbesitzer, der seine Pferde mit Erträgen vom eigenen Feld versorgte – nur dass heute kein Heu, sondern Strom geerntet wird.

Weit offensichtlicher als solche Reminiszenzen an vergessene Technologien sind die Qualitäten, die durch die Antriebs-

2 Josef Taalbi, *On the gendering of the early American electric car*. In: *Environmental Innovation and Societal Transitions*, Nr. 54, März 2025.

3 Werner Sombart, *Luxus und Kapitalismus*. München: Duncker & Humblot 1913.

wende unmittelbar verloren gehen: jene Eigenschaften des Verbrenners, die der Stromer nicht verbessern, die man aber umso schmerzlicher vermissen kann. Sie zeigen sich dort, wo Liebhaberwerte des Verbrenners ins Spiel kommen: eine Zuneigung nicht nur zur Form der Karosserie oder zur reinen Fahrleistung, sondern zur Antriebsmaschine selbst.

Die Pflege automobiler Liebhaberwerte ist kein Selbstläufer – sie erfordert eigenes Personal: Händler, Marketingexperten, Journalisten. Mitunter vereinen Einzelne all diese Rollen in einer Person. Der US-Amerikaner Doug DeMuro, bekannt als kauziger Auto-Youtuber, ist ein solcher Fall. In seinen Videorezensionen neuer wie alter Fahrzeuge offenbart sich eine enzyklopädische Sachkenntnis, mit der er Modelle quer durch die Geschichte in technischen wie kulturellen Dimensionen einzuordnen vermag. Mit der Gründung von Cars & Bids, einer auf Enthusiasten zugeschnittenen Auktionsplattform, ist DeMuro längst nicht mehr nur Kommentator; er ist Teil des Markts geworden.

Warum bestimmte Autos wertvoll sind, thematisiert DeMuro immer wieder mit bemerkenswerter Offenheit. Die Antriebswende spielt dabei eine zentrale Rolle, auch in seinen eigenen Kaufentscheidungen. Zu seinem kürzlich erworbenen Lamborghini Countach erklärt er: »Die nächsten Supersportwagen werden alle vollelektrisch sein und in 1,5 Sekunden von 0 auf 60 beschleunigen. Geschwindigkeit ist demokratisiert – sie ist für vergleichsweise wenig Geld für alle verfügbar. Was hingegen immer seltener wird, ist dieses klassische, kompromisslose Fahrerlebnis. Wenn ein Kia-Crossover schnell ist, verliert Geschwindigkeit ihren Wert. Und dann beginnt man, nach anderen Erfahrungen zu suchen – nach solchen, die selten, schwer zugänglich und gerade deshalb besonders sind.«[4]

Die »Demokratisierung« des automobilen Luxus wird von DeMuro als technologischer Trade-off im Sinne McLuhans gedeutet. Wo Leistung gewonnen wird, geht Sinnlichkeit verloren. Die Hitze, die Vibration, der Geruch des Verbrenners werden anthropomorphisiert, nicht als technische Unzulänglichkeiten, sondern als charakterliche Eigenheiten der Maschine erfahrbar. Gerade in dieser sperrigen Materialität liegt der ästhetische Reiz für *Petrolheads*, wie man Autoliebhaber im Englischen treffend bezeichnet.

Verbrenner und Bereicherungsökonomie

Eine solche Ästhetisierung des Verbrenners lässt sich als Strategie künstlicher Verknappung deuten, mit der seltene automobile Werte für jene geschaffen werden, die sie sich leisten können. Doug DeMuro begründet seine Investition in den Countach damit, dass dieser ikonische Supersportwagen der 1980er Jahre zu einem vergleichsweise günstigen Preis zu haben gewesen sei: rund eine halbe Million Dollar. Für andere mythisch aufgeladene Klassiker werden inzwischen – ähnlich wie für Gemälde von van Gogh oder Picasso – Summen im zweistelligen Millionenbereich gezahlt. Für den Marktkenner DeMuro ist der Kauf auch eine Wette auf zukünftige Wertsteigerung.

Die französischen Soziologen Luc Boltanski und Arnaud Esquerre haben solches

4 Doug DeMuro, *I Bought A Lamborghini Countach!* 2023 (www.youtube.com/watch?v=Da-EmG7Xw5A).

Wirtschaften als »Bereicherungsökonomie« beschrieben – eine Spielart des Kapitalismus, die nicht auf maschinelle Vermehrung, sondern auf kulturelle Verknappung setzt.[5] Während in der »Standardform« des Industriekapitalismus Dinge massenhaft produziert wurden, basiert die »Sammlerform« der Bereicherungsökonomie auf Einzigartigkeit, Unvermehrbarkeit und narrativer Aufladung. Kunst, Museen, Luxusgüter, Immobilien, Tourismus: All diese Felder leben von der »Ausschlachtung der Vergangenheit«. Dinge erhalten ihren Wert in dieser Form also durch Besonderung. Es sind die Dinge der Reichen.

Auch wenn sich Boltanski und Esquerre eher für französischen Wein als für alte Autos interessieren, passen Letztere doch ganz in die von ihnen beschriebene Sammlerform der Bereicherungsökonomie. Wie beim Grand Cru bemisst sich ihr Wert an Herkunft, Geschichte und kultureller Bedeutung. Klang, Geruch, Vibration: Die sinnlichen Eigenheiten des Verbrennungsmotors erfahren – ganz wie beim Wein – eine ästhetische Aufladung. Sie grenzt die kulturell angereicherten Güter von bloßen Statussymbolen ab, deren Wert weitaus flüchtiger ist.

Und wie der Wein braucht auch der Verbrenner Kulturpersonal, das ihm Bedeutung verleiht. Den Anfang machen die Historiker und Kuratoren, die in den Museen der traditionsreichen deutschen Automarken in Stuttgart, Wolfsburg oder Zwickau die glorreiche automobile Vergangenheit inszenieren. Hinzu kommen die Organisatoren der Oldtimer-Treffen der obersten Liga, sei es das Treffen im kalifornischen Pebble Beach, der vom BMW-Konzern veranstaltete Concorso d'Eleganza Villa d'Este am Comer See oder die Classic-Gala in Schwetzingen. Flankiert wird das von einem publizistischen Feld aus Journalisten, Autoren und Dokumentarfilmern, die den automobilen Mythos mit immer neuen Geschichten aktualisieren.

Und schließlich gehören dazu die Restauratoren, Gutachter und Händler, die mit Expertise, Echtheitszertifikaten und Preisbewertungen aus alten Autos erst Sammlerstücke machen. Einer der bekanntesten unter ihnen, Klaus Kienle – ein international gefragter Mercedes-Spezialist –, geriet 2023 in die Schlagzeilen, weil er offenbar jahrelang mit gefälschten 300 SL gehandelt hatte. In einer Bereicherungsökonomie kann man sich auch an Reichen bereichern.

Verbrenner als erinnerte Alltagskultur

Die Ästhetisierung der obsoleten Antriebstechnologie allein der Bereicherungsökonomie zuzurechnen, griffe indes zu kurz. Sie ist Teil verschiedener moralischer Ökonomien, in denen Konsumenten kulturelle Orientierung und persönliche Zugehörigkeit finden. Die sinnlichen Qualitäten des Verbrennungsmotors sprechen offenbar nicht nur wohlhabende Sammler an, sondern auch Liebhaber aus der ganzen Breite der Gesellschaft, die wenig Kapital, aber umso mehr Zeit und Lust zur eigenen Arbeit an der Maschine haben. Auch sie verleihen dem Verbrenner Bedeutung – durch Schweiß, Geduld und ein intimes handwerkliches Wissen.

Dieses Wissen gewinnt in dem Maß an besonderem Wert, in dem es zu exotisch

5 Luc Boltanski / Arnaud Esquerre, *Bereicherung. Eine Kritik der Ware*. Aus dem Französischen von Christine Pries. Berlin: Suhrkamp 2019.

wird, um in gewerblich betriebenen Werkstätten noch selbstverständlich weitergegeben zu werden. Bei älteren Autos winken Werkstätten ab, Ersatzteile sind schwer zu bekommen. Ähnlich wie bei William Morris, der im 19. Jahrhundert den kulturellen Anspruch der Arts-and-Crafts-Bewegung mit der Bewahrung verlorengehender Handwerke begründete, wird das Erfahrungswissen der Reparatur und Instandhaltung, das sich um die Produkte der Automobilindustrie gebildet hatte, als Kultur in Wert gesetzt. Um die handwerkliche Hingabe entsteht eine moralische Gemeinschaft, die eine im Verschwinden begriffene automobile Kultur als Alternative zu einer als »verkrempelt«[6] empfundenen technischen Gegenwartskultur praktisch präsent hält.

Dabei entstehen Praktiken, die jenen der bereicherungsökonomischen Musealisierung zwar ähneln, aber viel alltäglichere und persönlichere Bezüge aufweisen. Autos werden zu Trägern von Biografien, von Familien- und Ortsgeschichten. Ihr Wert liegt dann in der Erinnerung, nicht im Preis. Der Verbrenner kann auf verschiedenen sinnlichen Ebenen die »mémoires involontaires« hervorrufen, wie sie Marcel Proust beschrieben hat. Was ihm der Geschmack einer in Lindenblütentee getauchten Madeleine war, sind beim Verbrenner der Geruch alten Motoröls, das typische Abgas eines Motors ohne Katalysator oder das Knattern eines Zweitakters.

Je stärker der Verbrenner zum handwerklich-nostalgischen Hobby wird, desto jünger das Publikum und desto breiter die Palette der begehrten Modelle. Die neuen Klassiker stammen vor allem aus den 1980er und 1990er Jahren, den automobilen Prägungsjahren der »Generation Golf«. Gefragt sind Fahrzeuge wie der BMW E30 oder der Mercedes W124, der als einer der letzten noch von Ingenieuren statt von Produktmanagern und Marketingleuten entwickelten Mercedes gilt. Doch auch die vermeintlich alltäglichsten, dafür umso erinnerungsträchtigeren Modelle rücken ins Zentrum, sei es der Golf II oder die erste Generation des Renault Twingo, die inzwischen das H-Kennzeichen erhält.

Auch in die politischen Auseinandersetzungen, die sich mit dem grünen Umbau der Wirtschaft verbinden, wird der Verbrenner einbezogen. Sticker mit der Aufschrift »Fuck you Greta« signalisieren Zugehörigkeit zur moralischen Gemeinschaft derer, die sich grüne Bevormundung nicht länger gefallen lassen wollen. Im Osten der Republik wird rechter Widerstandsgeist an die knatternden Zweitaktmotoren geheftet, die den sozialistischen Individualverkehr dominierten. So warb die Jugendorganisation der AfD in Thüringen auf Wahlplakaten mit dem Spruch »Simson statt Lastenrad«. Björn Höcke, der faschistische Geschichtslehrer aus dem Westen, lud zu einem Simson-Corso durch seinen Wahlkreis im thüringischen Greiz ein. Auf einem Bild, das Höcke auf einer Simson stehend zeigt, heißt es: »Wir lassen uns von den Grünen den Spaß nicht verbieten!« Das automobile Erbe des real existierenden Sozialismus wird vereinnahmt für den identitären Kulturkampf. Zweitakt-Ostalgiker geraten unter Rechtsextremismus-Verdacht.

6 Gabriel Yoran, *Die Verkrempelung der Welt: Zum Stand der Dinge (des Alltags)*. Berlin: Suhrkamp 2025.

Die Imitatio des Verbrenners im Stromer

Doch all das sind nur Nebenschauplätze, die zumindest die Antriebswende langfristig kaum werden aufhalten können. Für Automarken stellt sich der Wandel als ästhetische Herausforderung dar. Das Problem ist dringlich, erscheint der Stromer doch als kulturell empfindlich unterbestimmt und überall da, wo es auf kulturelle Werte ankommt, wenig begehrenswert. Eine Ausnahme bildet übrigens Tesla, eine neue Marke mit ausgeprägter Liebhaberkultur.[7] Hier ist die Liebe zum Stromer aber auf die Markengemeinschaft beschränkt – eine Gemeinschaft, die sich angesichts der Marktentwicklung und der politischen Ausfälle des Firmengründers in den kommenden Jahren zerstreuen dürfte.

Tesla gelang die Kulturalisierung des Elektroautos auch deshalb, weil die Marke keine historische Hypothek trug. Sie stand für den radikalen Neuanfang. Den etablierten Marken, deren Identität untrennbar mit dem Verbrennungsmotor verknüpft ist, ist dieser Weg versperrt. Sie können zwar ihre eigene Geschichte verwerten und zeigen heute großes Geschick in der Erfindung von Retro-Designs. Solch gestalterisches Hinwegtäuschen über den technikgeschichtlichen Bruch funktioniert aber nur da, wo affektive Qualität an äußerer Gestalt festgemacht wird. Für die viszeralen Qualitäten des Verbrenners braucht es eigene Rezepte. Im zeitgenössischen Automobildesign finden sich daher zahlreiche Versuche, ästhetische Qualitäten des Verbrenners in die neue automobile Welt hinüberzuretten.

Dabei geht es um weit mehr als um künstlich erzeugte Motorgeräusche, die einerseits ein akustisches Feedback beim Beschleunigen liefern, vor allem aber als Warnsignal für Fußgänger dienen – ein Bedürfnis, das jeder kennt, der beim Überqueren einer Straße schon einmal von einem nahezu lautlosen E-Auto überrascht wurde. Wichtig sind nicht nur funktionale oder Sicherheitsaspekte, sondern automobile Erfahrungsqualitäten.

Ein Versuch, solche Qualitäten in die neue technische Ordnung des Stromers hinüberzuretten, findet sich etwa im Ioniq 5 N des koreanischen Herstellers Hyundai – ein Fahrzeug, das nicht nur durch seine Leistungsdaten überzeugt, sondern diese auch auf traditionelle Weise erfahrbar machen will. Neben künstlich erzeugten Motorgeräuschen simuliert das Modell durch spürbare, ebenfalls künstlich erzeugte Drehmomentunterbrechungen das dramatische Hochschalten eines Getriebes. Das Auto wird zum Fahrsimulator.

Einen anderen Weg geht der US-amerikanische Hersteller Dodge bei seinem Versuch, die hypermaskulinen und vor allem im heimischen Markt so wichtigen »Muscle Cars« in die neue Autowelt hinüberzuretten. Mit dem »Fratzonic Chambered Exhaust«, 2024 erstmals verbaut im vollelektrischen Dodge Charger Daytona, verbindet sich der Versuch, den Motorklang der liebgewonnenen Achtzylinder in ihrer ganzen Brachialität zu ersetzen. Statt über herkömmliche Lautsprecher erzeugt das System künstliche Geräusche über auspuffähnliche Resonanzkammern. Die patentierte Erfindung soll, wie es im Presse-Kit des Mutterkonzerns Stellantis heißt, »ein tiefes Dröhnen und viszerales Gefühl erzeugen, das der Dodge-DNA ent-

7 Jan Wetzel, *Imaginationen für die Straße*. In: *Merkur*, Nr. 905, Oktober 2024.

spricht«, und damit die gängigen Vorurteile über den Stromer »erschüttern«.[8]

Eine Gegenprobe für diesen symbolischen Bedarf liefern Marken, die zwar für Luxus stehen, nicht aber für motorästhetische Inszenierungen. Beim Spectre, dem 2023 erschienenen ersten vollelektrischen Rolls-Royce, sucht man Verweise auf den Verbrenner vergeblich – und das aus gutem Grund: Der elektrische Antrieb gefährdet die Markenidentität nicht. Die neue Herausforderung besteht vielmehr darin, dass mit der Antriebswende die Erwartungen an ein möglichst lautloses, luxuriöses Fahrerlebnis weiter steigen. Grund zur Sorge besteht dennoch kaum. Auch der Stromer produziert ausreichend Wind- und Abrollgeräusche, um sie durch aufwändige Dämmung, Federung und Karosseriegestaltung zum Verstummen zu bringen – und so den Abstand zu den Stromern der Normalsterblichen aufrechtzuerhalten.

Strom erfahrbar machen

Ob und in welcher Form die Versuche, den Verbrenner im Stromer zu simulieren, langfristig erfolgreich sein werden, lässt sich derzeit kaum absehen. Die automobile Öffentlichkeit zeigt sich gespalten: Für konservative *Petrolheads* wirken sie wie ein Akt kultureller Aneignung – ein unbeholfener Versuch, ein ungeliebtes Produkt durch gestalterische Leugnung des Verlusts zu vermarkten, den der Tod des Verbrennungsmotors bedeutet. Das Gerät bleibt dem Liebhaber fremd; ein Dröhnen lässt sich simulieren, nicht jedoch das Gespräch zwischen Mensch und Maschine. Noch weniger anfangen können mit solchen Simulationen jene Progressiven, die gerade die Ruhe des Stromers schätzen. Ihnen erscheinen die künstlichen Geräusche als Atavismus – als ein fragwürdiges Angebot an eine Klientel, die sich dem Neuen nur widerwillig öffnet.

Einen ganz eigenen Weg schlägt derzeit der britische Hersteller Morgan ein, der seit über hundert Jahren Fahrzeuge für Liebhaber in handwerklicher Kleinserie fertigt. Mit seinem ersten elektrischen Modell setzt Morgan bewusst nicht auf Simulation. Der Klang des Stromers soll vielmehr selbst zum Erlebnis werden. Was man künftig hören werde, so betont Chefentwickler Matthew Hole, sei ein »vollkommen authentischer Klang« – das »Geräusch des Stroms, der durch Wechselrichter und Motor fließt«. Gerade dieses spezifische akustische Profil der elektrischen Komponenten sei für die Zukunft entscheidend und werde im Entwicklungsprozess gezielt herausgearbeitet.[9]

Dass Morgan zu dieser eigensinnigen Lösung findet, hängt eng mit der Identität des Unternehmens zusammen. Seit jeher beruht das Markenversprechen der britischen Manufaktur auf einem radikalen automobilen Purismus. Morgans waren niemals besonders leistungsstark oder technisch avanciert. Was die Firma jedoch von allen anderen unterschied, war das Versprechen von Authentizität. Zum einen in der Herstellung, die mit Holzrahmen, Handarbeit und minimaler Automatisierung bis heute nach manufakturellen Prin-

8 Stellantis North America, *Press Kit: 2024 Dodge Charger* (media.stellantisnorthamerica.com/newsrelease.do?id=25748&flId=26060).

9 Fully Charged Show, *How England's Most Old-School Car Brand Is Embracing Electrification*, 2023 (www.youtube.com/watch?v=TIH2QOtTB9k).

zipien des späten 19. Jahrhunderts erfolgt. Zum anderen im Gebrauch: Traditionell verzichtete man bewusst auf Dämmung, Sicherheitssysteme oder elektronische Assistenz – also auf alles, was das unmittelbare Erlebnis von Motor und Straße verfremden könnte.

Der Umstieg auf den elektrischen Antrieb stellt diesen Anspruch auf eine harte Probe. Die rohe Gewalt des Verbrenners fehlt. Doch anstatt sich mit der gängigen Auffassung abzufinden, der Stromer sei an sich unsinnlich, geht Morgan einen anderen Weg und setzt weder auf klangliche Surrogate noch auf Marketing-Sprech, sondern macht den elektrischen Antrieb selbst sinnlich erfahrbar. Die Hoffnung richtet sich auf eine neue Generation von Enthusiasten: Menschen, die Fahrspaß nicht mehr aus getakteten Verbrennungen, sondern aus der ästhetisch veredelten Umsetzung elektrischer Energie in Bewegung ziehen – die *Batteryheads*.

Liebe, Sex und Prostata

Von Werner Krauß

Diagnose

Die Abmachung galt, dass mein Urologe mir die Ergebnisse nur mitteilt, wenn die Werte auffällig sind. Es war ein Sommernachmittag, mitten im blühenden Leben bei den Enkelkindern, ich saß im Kinderzimmer vor dem Bildschirm, eine Zoom-Konferenz über ein neues Projekt, die Familie im Wohnzimmer – und ein Anruf auf dem Handy. Es dauerte kurz, bis ich den Anrufer identifizieren konnte, ich wurde noch nie privat von einem Arzt angerufen. Meine PSA-Werte seien etwas hoch, ich solle mir keine Sorgen machen, eine kleine Abweichung, die viele Ursachen haben könne. Aber dennoch solle ich möglichst bald einen Termin in der Praxis machen. Ich behielt die Nachricht für mich an diesem Nachmittag und auch noch einige Tage länger, wusste nicht, wohin damit und wie damit umgehen. Der begründete Verdacht, dass der Satz, vor dem sich alle fürchten, nun auch auf mich zutraf: Jetzt gehöre ich zu denen, die Krebs haben. Nur Prostatakrebs, wie man schnell lernt, gut behandelbar, operabel, hohe Heilungschancen, keine Chemo. Nur Prostatakrebs, das kriegen wir in den Griff.

Die Krebsdiagnose ist ein standardisierter Prozess, ein Schritt folgt auf den anderen, der Urologe ist eigentlich nur Moderator und manchmal Erklärer. Erst ein MRT, ein bildgebendes Verfahren, bei dem ein winziger schwarzer Punkt auf der Prostata einen Tumorverdacht nahelegt. Darauf folgt eine Knochenszintigraphie, um zu sehen, ob der Krebs schon gestreut hat, und schließlich ein CT, bei dem die Organe gecheckt werden. Standardisierte Verfahren sind entpersönlicht, man geht in Radiologien und Arztpraxen aus und ein und ist dankbar für jede Auskunft. Am Ende gesellt sich ein Gleason-Score, der über die Bösartigkeit des Tumors Auskunft gibt, neben den Blutwert des PSA-Tests, eine Tabelle entscheidet über das weitere

Schicksal. Der Arzt ist und bleibt Moderator dieses Prozesses, Fragen erübrigen sich, das Internet gibt wie üblich beredt Auskunft und stürzt einen verlässlich in die inneren Kreise von Dantes Hölle. Operation im besten Fall, Inkontinenz und Impotenz stehen drohend am Horizont.

Die Untersuchungen ziehen sich über ein halbes Jahr hin, am Ende steht die Biopsie, die letzte Klarheit verschafft. Ein dicker Stab wird in den After eingeführt, von dessen Ende aus mit Nadeln zwölf Proben aus der Prostata entnommen werden, ein sehr unangenehmes, wenn auch nur bedingt schmerzhaftes Verfahren. Viele Männer haben schon vor der routinemäßigen Tastuntersuchung der Prostata beim Urologen Angst, die im Wartezimmer unter Männern auch »die kleine Hafenrundfahrt« genannt wird – obwohl Analverkehr eigentlich längst enttabuisiert und die Prozedur mehr als harmlos ist.

Kurzum, die Biopsie ist von anderem Kaliber, selbst die coolen weiblichen medizinischen Fachangestellten sendeten mir mitleidige Blicke zu. Ich schlich nach der Prozedur an der Rezeption vorbei in den Regen hinaus, nahm ausnahmsweise den Bus und kam gedemütigt und fertig zuhause an. Das Ergebnis ließ nicht lange auf sich warten, die meisten Teile der Prostata waren von Krebs befallen, das Urteil war gefällt.

Die Gespräche mit dem Urologen sind durchgehend auf fünf Minuten begrenzt, es gibt nicht viel zu sagen, man hat die Wahl zwischen Hormon- beziehungsweise Strahlentherapie und Operation, und hier zwischen normaler und robotergesteuerter Operation. Auch diese Frage beantwortet sich von selbst, Operation, und da ich in Hamburg wohne, in der Martini-Klinik. Ein Klaps auf die Schulter, das wird schon, ist auch nicht schlimmer als eine Blinddarmoperation. Als ich sage, am meisten habe ich vor dem Katheter Angst, lacht der Urologe und meint, das sei nun mal das geringste Problem. Danach folgt wieder eine Wartezeit von zwei Monaten, bis ein Termin in der Klinik frei ist.

Nach der Biopsie ist Vorsicht angesagt, kein Fahrradfahren, kein Geschlechtsverkehr, die Prostata wird bei der Biopsie doch erheblich verletzt, angestochen eben. Zeit, um sich an den Gedanken zu gewöhnen, dass man bald kein Sperma mehr produzieren wird. Eine Operation heißt auch Abschiednehmen. Die letzte Begegnung mit meinem Sperma hatte etwas Endgültiges: Es ergoss sich blutrot, ich schrie auf wie in einem Alptraum, nur dass er real war, die Zeitspanne seit der Biopsie war wohl noch zu kurz gewesen. Was für ein Abschied.

Operation

Kurz vor dem Operationstermin bekam meine Frau Corona und floh ins Hotel, um mich nicht anzustecken. An einem Freitag musste ich in die Martini-Klinik für die Voruntersuchungen, am darauffolgenden Montag sollte ich operiert werden. Ich saß mit anderen Männern in einem Wartebereich der Klinik, zwei hatten ihre Frau dabei. Eine Schicksalsgemeinschaft, die einen Tag miteinander verbrachte, von Untersuchung zu Untersuchung mit langen Wartezeiten dazwischen. Männer unterschiedlichen Alters und unterschiedlicher Herkunft, alle mit von Krebs befallener Prostata, manche hatten schon ein Rollköfferchen dabei.

Auf dem Flur liefen bleiche Männer in Krankenhaushemden am Arm von Pflegern mit wackligen Beinen auf und ab, den Urinbeutel in der Hand. Seltsame Gespenster, in Kürze stehen wir an ihrer Stelle. Keine guten Aussichten. Ob ich noch Sperma einfrieren lassen wolle? Häkchen bei nein. Die rechtliche Aufklärung, eine junge Assistenzärztin malt einen Penis, einen Hodensack, eine Prostata, erklärt Risiken und muss sich beim Ultraschall von einer erfahrenen Kollegin helfen lassen.

Alle sind nett, und ein Arzt unterbindet jeglichen Unmut über die Prozeduren mit der Bemerkung »wir heilen hier« – den Demütigungen des männlichen Stolzes steht die Aussicht gegenüber, die Klinik ohne Krebs zu verlassen und noch ein langes Leben führen zu können oder zumindest nicht an Prostatakrebs zu sterben. Es ist gut, daran erinnert zu werden, wir kommen da durch, Herr Krauß.

Ins Krankenhaus eingewiesen, bezieht man sein Bett und macht sich mit dem Zimmergenossen bekannt. Es folgt alles einem Plan, man ergibt sich seinem Schicksal, morgens stellt sich die Chirurgin vor, schon geht man lange Gänge entlang, wird aufgebahrt (sic), plaudert mit dem Anästhesistenteam, und dann geht schon das Licht aus.

Es ist nichts davon zu spüren, wie der Körper auf den Kopf gestellt, der Bauch aufgeblasen wird, die Chirurgin am Bildschirm die Roboterarme steuert, durchs Fleisch schneidet, die Prostata entfernt, möglichst ohne Nerven zu verletzen – das geht alles an einem vorbei, und der Rest sind Schmerzmittel. Und ein Katheter, der zum Glück während der Operation eingeführt wurde und nun durch einen Schlauch vom Penis zum Beutel am Bettrand verbunden ist. Auch die Pflege der Operierten ist standardisiert in der Martini-Klinik, es gibt klare Anweisungen, genügend Personal, freundliche Ansprache und sogar gutes Essen. Alle wissen, was sie wann und wo zu tun haben. Ein Pfleger zeigt jedem Patienten, wie man mit Katheter seinen Penis säubert, um Pilzinfektionen zu verhindern, was mich an meinen Zivildienst auf der Geriatriestation der psychiatrischen Klinik in Weißenau erinnert – in Weißenau, da ist der Himmel blau, da tanzt der Ziegenbock mit seiner Frau –, nun hatte ich also die Seiten gewechselt. Mein Sohn kommt vorbei, und wir reden lange, während meine Frau, immer noch wegen Corona, draußen warten muss. Nach der völligen Entäußerung und Entmachtung kehrt das Leben zurück, und das nicht nur drogeninduziert. Am dritten Tag werde ich entlassen, mit Katheter.

Erst zuhause brechen alle Dämme. Ich sitze schluchzend auf dem Sofa, meine Frau hält mich in den Armen. Der Umgang mit dem Katheter ist gewöhnungsbedürftig, der Penis reagiert empfindlich auf Bewegungen, egal wie man sitzt oder steht. Vorsichtige Schritte draußen, den Katheterbeutel notdürftig unterm Mantel versteckt. Alles dreht sich um meinen Schwanz, das Zentrum der Welt, und das gar nicht metaphorisch. Zehn Tage, es gibt da unterschiedliche Schulen, wie lange das verheilen muss, bis der Katheter rauskommt und die erste Windel angelegt wird. Kein Grund zu jammern. Im Krankenhaus erzählt ein Assistenzarzt, dass ein Patient nach drei Tagen mit dem Katheter über 800 Kilometer nach Hause gefahren sei. Motoren, Technik, Männergeschichten. Sie sind nun krebsfrei, Herr Krauß, die Operation ist gut verlaufen, Nerven wurden nicht geschädigt, die Chance auf Impotenz liegt statistisch gesehen bei 30 Prozent, die Dunkelziffer wahrscheinlich höher.

Inkontinenz

Im Drogeriemarkt die Windelabteilung für Männer, welche Größe passt hier? Der Vorrat aus dem Krankenhaus ist bald aufgebraucht. Ein riesiger Markt, viele Männer sind im Alter inkontinent, ob mit oder ohne Prostata. Werbung wie für Automarken, von der Einlage bis zur Windel mit doppelter Saugkraft, schwarze Verpackungen, mit Rallyestreifen. Boxenstopp im Drogeriemarkt. Die Betonung liegt auf Funktionalität, Kontrolle, aktivem Handeln, nebenan die Regale für weibliche Körperpflege, wo die Welt der Ausscheidungen und Sekrete selbstverständlich ist und mit »care« geworben wird.

Ich verstecke die Windeln im Schrank, wechsle sie diskret, rede mit niemandem darüber und bleibe zuhause. Erst die Kur bringt Erleichterung: Hier gibt es keine Scham. Wie viele Windeln brauchen Sie pro Tag, welche Größe? Ein Einzelzimmer, an der Nordsee, in einer Klinik, in der nur Krebspatientinnen und -patienten sind.

Warum sind hier alle so freundlich, vom Reinigungsdienst über die Essensausgabe am Tisch, frage ich nach wenigen Tagen meine Tischgesellschaft erstaunt. Die Antwort ist einfach: Weil das hier eine Krebsklinik ist, zu Krebskranken ist man freundlich. Viele Frauen mit Brustkrebs, alle Arten von Krebs sind hier zu finden, alle Altersgruppen, viele, die immer wieder kommen, weil der Krebs nicht verschwindet. Die Brustkrebspatientin, die am Sonntag ihre zwei kleinen Kinder in den Arm nimmt, die Angestellte, die zum dritten Mal hier ist und bald wieder arbeiten gehen will, der Afghanistansoldat, der terminalen Bauchspeichelkrebs hat, ich komme mir fast wie ein Bruder Leichtfuß vor.

Wir sitzen auf Gummibällen, stehen auf Wackelkissen, üben vorsichtig im Kraftraum, Beckenbodentraining lautet das Zauberwort. Geschlagene Männlichkeit, schaffen wir eine einstündige Wanderung, ohne in die Hose zu machen? Manche kriegen das nie wieder in den Griff, die Hormonpatienten haben es besonders schwer, die Übungen strukturieren den Tag. Draußen schneit es, wir stapfen durch den Schnee und das Nordseegrau, nachmittags hänge ich in der Ergotherapie ab und male ein großes Selbstporträt mit Urinbeutel.

Es wird für einen gesorgt, es ist eine Wohltat, die ganze Anspannung des Wartens, der Operationsstress und die Verwirrung fallen ab und weichen einem warmen Driften durch die Tage. Anderen geht es auch so, kein Stress, man lernt Leute kennen, die man sonst nie treffen würde. Unterhaltungen über die Sinnlosigkeit des deutschen Afghanistaneinsatzes oder darüber, wie man neue Mercedes Benz über Weißrussland nach Moskau vertickt. Der Neue, der das Essen empört zurückgehen lässt und ungeniert zeigt, dass er reich ist, ist spätestens am dritten Tag eingenordet. Wo kann man die Windeln entsorgen, welche Übungseinheit ist zu empfehlen? Der Krebs ist ein Gleichmacher, die Kur ein Weichmacher und ein warmes Bett, und der Tod schaut neugierig um die Ecke.

Nach der Kur lege ich außerhalb des Hauses sicherheitshalber noch für ein paar Wochen Windeln an, wie bei einem Spiel von St. Pauli an einem kalten Winterabend, den ich anders nicht überstanden hätte. Inkontinenz heißt plötzliches Einnässen, meine Frau vermacht mir ihre Slipeinlagen, ich mache täglich Beckenbodenübungen und online Yoga mit Adrianne aus Texas. Meine Welt überschneidet sich mit der von Frauen, es gibt einen Intimbereich, der von ihnen selbstverständlich bespielt wird und den ich für mich behalte und nicht mit anderen Männern teile. Es lässt sich nicht vermeiden, auf der Arbeit und im Freundeskreis, die Prostataoperation zu »gestehen«, die wechselseitige Scham verbietet zum Glück Nachfragen. Oder zum Pech: Wer bin ich, wohin gehöre ich, was bedeutet das alles für mich und mein Leben? Männer tragen tapfer ihr Schicksal, dazu sind wir erzogen.

Psychoonkologie

Die Klinik hat einen sozialtherapeutischen Service, den die Krankenkasse natürlich nicht bezahlt. Sie hat in der Zwischenzeit einen Neubau bezogen, das Geschäft boomt, die Patienten kommen aus aller Welt angereist, an der Rezeption steht in großen Lettern geschrieben: Schön, dass Sie da sind. Seltsamer Humor. Ich bin zu früh, vereinzelt kommen Männer mit Rollköfferchen an die Rezeption, müssen warten und werden, je nach Einkommen und Versicherung, in die erste Klasse mit den Einzelzimmern oder die zweite Klasse verfrachtet. Ich bin froh, dass ich diesen Teil hinter mir habe.

Ein netter junger Mann, Onkologie-Psychiater, bittet mich in sein Zimmer und fragt nach meinem Anliegen. Ich erzähle von meiner Verwirrung, wie mit der Situation umgehen, und dass ich niemandem erzähle, dass es mit der Potenz nicht so klappt und dieser ganze Intimbereich so wortlos ist, dass ich keine Sprache finde, um zu sagen, was mit mir ist. Was nun mal ganz und gar nicht stimmt, wie sich schnell herausstellt. Es braucht nur wenige Fragen, damit es aus mir heraussprudelt. Wie es mir mit meiner Partnerin geht, ob ich auch ohne Erektion Sex habe, wie wir miteinander umgehen. Was Penetration für mich und uns bedeutet, und ich komme vom Hölzchen aufs Stöckchen, so dass sich die Gegenwart in die Geschichte einer jahrzehntelangen Beziehung und Vertrautheit einfügt, in ein Geben und Nehmen, Experimentieren und Vertrauen, es ist, als ob eine Verkapselung aufspringt und in einen liebevollen Redestrom übergeht, bei dem ich lachen und emotional sein kann.

Mir fallen meine ersten Erektionen ein, in der Badewanne, woraufhin meine Mutter in Panik meine Schwester aus dem Wasser holte und ab diesem Zeitpunkt eine strikte Geschlechtertrennung im Badezimmer eingeführt wurde. Der Phallus in meinem eigenen Lebensroman, er wird immer wieder problematisiert, reagiert empfindlich auf diskursive gesellschaftliche Entwicklungen und auf Beziehungen, nein heißt nein und ja heißt ja – insgeheim nehme ich mir vor, eines Tages meine *Penis Files* zu schreiben. Ich als Phallus.

Der Psychiater stimmt mit mir überein, dass Prostatapatienten selbst hier mit ihrem Schicksal völlig alleingelassen werden. Es gibt nur standardisierte Verfahren und mechanische Eingriffe, die Psyche und das Danach spielen keine Rolle. Auch er fühlt sich nicht zuständig, er ist für Onkologie ausgebildet, und auch er weiß, dass es in Hamburg fast aussichtslos ist, einen Therapieplatz zu bekommen. Aber er hat praktische Ratschläge zur Hand: Ich solle mir eine Penispumpe anschaffen und täglich zweimal damit »trainieren«, egal ob ich sie beim Sex einsetzen will oder nicht. Es könne auch anderthalb Jahre oder länger dauern, bis die geschädigten Nerven wieder auf das Gehirn reagieren würden. Er kann nicht verstehen, dass das Potenzproblem nur auf Viagra reduziert wird, schließlich handele es sich dabei um einen komplexen Vorgang.

Auch er kommt gut in Fahrt und fragt mich, ob ich Lust hätte, mit anderen Patienten Kontakt aufzunehmen, was ich nicht habe. Ich bin hier der Patient. Er schickt mir, wie versprochen, zwei wissenschaftliche Artikel über die Folgen einer Prostatabehandlung, die mich zuhause fast zum Weinen bringen. Vor allem über die Passagen, die von der Trauer und dem Abschied handeln, die mit einer Prostataoperation einher- und weit über die physische Komponente hinausgehen. Nachbetreuung solle sich nicht nur auf Kontinenz beschränken, jeder Eingriff verändere das Leben eines Menschen. Es ist für mich tröstend, zu lesen, dass es Forschung und Wissenschaft zu diesem Thema gibt, und schockierend, dass es weder einen gesellschaftlichen Diskurs noch institutionelle Unterstützung gibt für ein Problem, das früher oder später einen Großteil aller Männer betrifft.

Der Psychiater weiß auch nicht, ob und was man in seinem Bekanntenkreis erzählt. Er weiß nicht, wie er handeln würde. Ich solle die Hoffnung nicht aufgeben, die Operation sei ja noch nicht lange her. Ich könne ja anfangen damit, dieses Thema – alles, was mit der Prostata zu tun hat – öffentlich zu machen. Die Standardantwort auf meine Prostataoperation von Männern unterschiedlicher Herkunft ist: Mist, ich sollte auch mal zur Vorsorge. Die Martini-Klinik ist ein Paradebeispiel für die technische Lösung eines lebensbedrohlichen Problems für Männer, die mit ihren Rollköfferchen, aber ohne Prostata wieder nach Hause fahren, mit dem Katheter auf dem Beifahrersitz und womöglich mit Ehefrauen, die auf Ärzte schimpfen und die Windeln für ihre inkontinenten Männer kaufen und heimlich wieder in der Mülltonne entsorgen. Man kann getrost von Fließbandmedizin sprechen, es gab noch nie so viele ältere Männer, und die Statistik zeigt, dass die Patienten immer jünger werden.

Wechseljahre

Bei der dreimonatlichen Routinekontrolle beim Urologen, bei der keine Auffälligkeiten verzeichnet wurden – der PSA-Wert als Krebsindikator bleibt bisher konstant unter der Risikomarke –, kam ich nochmal auf Tadafil und Sedafil (Viagra) zu sprechen, zwei Medikamente, die mir Sodbrennen, aber keine Erektionen verschaffen. Der Arzt brachte noch einmal die Spritze zur Sprache, die man vor dem Geschlechtsverkehr in den Penis injiziert und die eine Erektion verschafft. Wenn ich die nicht einsetzen wolle, so der Urologe, könne er keine weitere Hilfe anbieten. Ich war verärgert, hinterher, es kann doch nicht sein, dass ich völlig allein mit diesem Problem dastehe? Und überhaupt: Vielleicht kommen die Erektionen sowieso wieder. Und wenn nicht: Gibt es nicht auch ein Leben, auch ein sexuelles, ohne diese? Und wieso ist das Gespräch, das dem Urologen sichtlich unangenehm ist – ich bin hauptsächlich Onkologe, so sein Argument –, immer nach exakt fünf Minuten wieder zu Ende? Immerhin gelang es mir noch im Hinausgehen, ihm den Film *Love* nahezulegen, aus der *Oslo-Trilogie* von Dag Johan Haugerud.

Worauf ich einen Termin bei der Hausärztin festmachte. Es war schon drei Jahre her seit meinem letzten Besuch, wie der Blick auf den Computer offenbart, aber ich gehöre zu den Bestandspatienten, und in meinem Alter stehen Vorsorgechecks an. Wir vergleichen, ob ihre Aufzeichnung up to date sind. Die Prostataoperation hat sie verzeichnet, sie hat einen Entlassungsbericht von der Kur bekommen, wie es mir nun gehe? Ich spreche die Erektionsschwierigkeiten an, und ihr entfährt ein spontanes »Oh«. Wir sind uns schnell einig, dass sie da nicht weiterhelfen kann, sie ist Internistin. Das ist nicht ihr Fachgebiet, und da sei vielleicht auch psychologische Beratung hilfreich, wobei gleich der obligatorische Zusatz folgt, dass diese in Hamburg bekanntermaßen schwierig zu bekommen sei.

Sie entschuldigt gleich auch den Urologen in ihrer Begründung, warum sie hier nicht helfen kann: Sie seien ja alle Ärzte geworden, vielleicht gerade deswegen, weil sie nicht Psychologen werden wollten. Es ist das erste Mal, dass ich sie reden höre, als Person und nicht als gestresste Ärztin, die noch zehn Patienten im Wartezimmer sitzen hat. Nein, sie könne sich das nicht vorstellen, was das für einen Mann bedeute, impotent zu sein. Ich sage, das sei schon zentral im Leben eines Mannes, vieles drehe sich darum, worauf sie spontan reagiert und sagt, das ist, wovor wir Frauen immer Angst haben, das hören wir natürlich nicht so gern. Ich bin verblüfft und muss kurz sortieren: Das, was mir fehlt, ist das, was Frauen Angst macht?

Ein Film rast vor meinem inneren Auge vorbei: Sehe ich Frauen immer durch meinen erigierten Schwanz? Oder denken nur Frauen, dass wir das tun? Ich, wir, Männer, Frauen, Sexualität, Potenz? Ich insistiere darauf, dass man da schon einen Bruch sehen könne, und schlage vor, dass die Wechseljahre eine ähnliche Erfahrung sein könnten. Wobei ich zugleich denke, dass der Vergleich etwas hinkt, da die Wechseljahre, wie der Name schon sagt, einen Übergang bedeuten. Es sei denn, die Entfernung der Prostata ist kein Bruch, sondern ebenfalls ein Übergang, ein Wechsel.

Sie stimmt nachdenklich zu, dass könne wohl sein. Frauen empfänden dort auch eine Leerstelle, auch für Wechseljahre fühle sich niemand zuständig, die Frauen seien damit allein. Allerdings seien die Wechseljahre inzwischen ja Thema geworden in den letzten Jahren, das öffentlich problematisiert werde, anders als Impotenz bei Männern. Aber auch ein männlicher Gynäkologe könne nicht verstehen, was da mit einer Frau vorgehe, wenn sie in die Wechseljahre kommt. Mir fällt spontan der Unterschied in den Unterhaltungen ein: Mit dem Urologen rede ich von Mann zu Mann, wir sind beide cool, haben die Sache im Griff, Schulterklopfen, und wenn nicht, dann Irritation. Hier hingegen ist die Irritation Ausgangspunkt, der Unterschied zwischen den Geschlechtern macht einen anderen Grundton aus und ermöglicht Reflexion.

Aber immerhin bin ich noch am Leben, sage ich, um ihr in ihrem Ärztinnenpragmatismus Recht zu geben, schließlich hat die praktische Medizin mir das Leben gerettet, ich habe keinen Krebs mehr. Ich sage den schönen Satz: Ich lebe noch. Männer gehen nur ungern zur Vorsorge, das weiß sie auch, aber sie erinnert sie immer daran. Auch mich hat sie jedes Mal gemahnt, endlich zur Vorsorgeuntersuchung zum Urologen zu gehen. Good job.

So sitzen wir uns gegenüber, an diesem Sommermorgen, ein Mann und eine Frau. Da mir sonst keine Wehwehchen einfallen – ich habe mir keinen Spickzettel geschrieben, bestimmt habe ich noch welche –, einigen wir uns darauf, dass jetzt ein Herz-Kreislauf-Check und ein EKG das Richtige seien, als Altersvorsorge, was dann die Angestellte übernimmt. Immerhin, mein erstes Arztgespräch, das über standardisierte Kommunikation hinausging.

Liebe

Der Film *Love* beginnt ebenfalls mit Gesprächen über die Prostata. Eine Urologin klärt ihre Patienten über das Ergebnis der Untersuchung auf, die Martini-Klinik wird als Option erwähnt. In einer Pause klärt der begleitende Pfleger sie über die Folgen einer Entfernung der Prostata für schwule Sexualpraktiken auf. Die Attraktivität des Analverkehrs besteht in der Reizung der Prostata durch den Penis des Eindringenden, wodurch der Prostatapatient doppelt benachteiligt sein kann: durch mögliche Impotenz und den Verlust des passiven Lustgewinns. Nein, das wusste die Ärztin nicht, wie sie bekennt. Sie hatte zuvor bereits von ihrem Pflegekollegen, als sie ihn zufällig auf der Fähre traf, gelernt, wie man dort mittels einer App an spontanen Bekanntschaften Interessierte ausfindig machen kann. Als sie eines Tages die App ausprobiert, kommt es tatsächlich zu einer Begegnung. Der darauffolgende Sex an der Uferböschung ist eine neue und durchaus positive Erfahrung für sie. Im postkoitalen Gespräch wird der Mann allerdings zusehends nervös. Er bekennt, dass er seine Ehefrau betrügt und nur schlecht damit umgehen kann. Er verlässt überstürzt das Feld.

Der Pfleger wiederum nimmt auf der Fähre Kontakt zu einem Mann auf, der aber nicht an Sex interessiert ist, was in Ordnung geht, sich zu unterhalten ist auch aufregend. Er trifft den Mann später zufällig als frischoperierten Patienten in der Klinik wieder und besucht ihn auf der Station. Es stellt sich heraus, dass der von dem unerwarteten Besuch überraschte Patient allein lebt und niemanden hat, der ihn nach der Entlassung betreut. Der Pfleger übernimmt das in seiner Freizeit, zeigt ihm den Umgang mit dem Katheter. Der Mann erzählt, dass er kein Interesse mehr an sexuellen Kontakten habe. Sein Coming-out als Homosexueller fand ausgerechnet in jener Zeit statt, als Aids aufkam, und war immer von der Furcht vor Ansteckung begleitet. Die Operation wiederum fällt zusammen mit einem neuen Medikament gegen Aids, das interessiert ihn jetzt aber nicht mehr. Er hat mit diesem Kapitel abgeschlossen. Der Pfleger legt sich dennoch zu ihm ins Bett, um dort die Nacht mit seiner neuen Bekanntschaft zu verbringen, aus Liebe.

Gestreiftes

Von Sibylle Severus

Zurück auf dem Hochmoor über Romainmôtier, begrüße ich wie immer die beiden Menhire. Seit Menschengedenken stehen sie dort als Ruheplatz für den Seelenvogel und aus astronomischen Gründen. Sie bewachen eine Kreuzung, die Querachsen der Pilgerwege, die ganz Europa miteinander verbinden, dieses grandiose Europa.[1]

In dem ehemaligen Pilgerhaus einer uralten Abtei in Romainmôtier hatte ich mich eingerichtet. Die Steinstufen und Böden sind seit tausend Jahren von Menschenfüßen niedergetreten. Hier ist mein Ort.

Allein in dieser Burg. Wände, fest wie zusammengepresster Schnee. Draußen verkündet eine helle Glocke die Zeit, die an den meisten Orten eine andere ist.

Über bucklige Steinstufen geht es hinunter in die Küche; ein Raum, hoch, dunkel, weit.

Fliegen laufen neben ihren Schatten kreuz und quer über den Tisch. Sie tänzeln über das Brot, sie balancieren am Rand der Tasse, am Henkel der Kanne, auf dem Obst, landen kitzelnd auf Händen, auf Armen, auf Füßen, sie laufen kopfüber an der Decke entlang und sind das Zierlichste vom Zierlichen.

Ich habe die Küche und meine Mahlzeiten mit den *Mouches*, wie sie hier heißen, zu teilen. Im kleinen Dorfladen hängt, leicht eingerollt, ein Fliegenfänger mit totem Getier; es muss ein lang dauerndes Verenden sein.

In der Burgküche stehend, überlege ich, ob ich die Fliegen mit einer gefalteten Zeitung erschlagen will oder ob ich Gift kaufen und die Gesellschaft mit scharfem Geschütz tilgen soll. Vom Zuschlagen sehe ich ab, es graust mir vor den blutigen Flecken. Doch liegt im Schrank eine Fliegenklatsche aus Plastik: groß, gelb, mit rotem Stiel.

Als ob ich sie gesucht hätte.

Zunächst fotografiere ich die Fliegen, wie sie ahnungslos über die spielzeugbunte Klatsche laufen. Ich wünsche mir einen Wintereinbruch, damit die Insekten eines natürlichen Todes stürben.

Früher hatte es mich nicht gestört, Fliegen zu zerquetschen. Es war eine Notwendigkeit gewesen im Krieg. Man hatte die Wahl: die Läuse, die Fliegen, die Motten, die Mäuse – oder der Mensch.

Mit dem Besuch, den ich beschwingt erwarte, möchte ich nicht an einem von Fliegen umschwirrten Tisch essen.

Gibt es Fliegenfrauen und Fliegenmänner?

Ein Paar scheint blitzschnell zu kopulieren.

Ich weiß wenig über die Lebewesen, die zu töten ich nicht ausschließen kann. Ein einziger Name der zahllosen Arten ist mir bekannt: Mosaikjungfer.

Wörter sind Zündstoffe, denke ich und kaue Brot: Statt Mosaikjungfer »Geschmeiß«, und schon ist Töten möglich.

(Im Internet erfahre ich, dass Mosaikjungfern keine Fliegen, sondern Libellen sind, farbenprächtige Raubtiere. Die Gemeine Fruchtfliege hat dagegen keinen

1 Es handelt sich um die Fortschreibung der Erzählung *Dort draußen oder Ännet dr Gränze* in *Merkur*, Nr. 872, Januar 2022.

poetischen Namen, nur den lateinischen: Drosophilidae.)

Im ganzen großen Gebäude gibt es außer mir nur noch die Mosaikjungfern. Fünf, mit mir also sechs lebende Kreaturen.

Als Kind war ich frei von Skrupeln. Obwohl ich bei dem weghüpfenden Huhn, dessen Kopf abgeschlagen worden war, die kindliche Rohheit beim Töten verloren hatte.

Mit einer Lampe, der Harke, dem Blechbehälter ging ein Onkel abends mit mir, dem Kind, hinauf zum See, Krebse fangen. Er war kein richtiger Onkel, er entsprach auch nicht dem Bild eines Onkels: blutjung, wie er war, nicht groß und völlig abgemagert. Er hatte die blausten Augen, die man sich denken kann, dazu blondes Haar, das sich an Ecken bereits lichtete, als Kontrast dazu hatte er eine beeindruckend tiefe Stimme.

In der Dämmerung hat das Wasser die gleiche Farbe wie die Matten ringsherum: ein dunkles Oliv, das sich bald verfinstert. Der Mond steigt spät über den Berg. Zwischen auseinandergerissenen Wolken die Sterne.

Den Lichtstrahl ins dunkle Wasser senken. Die nachtaktiven Krebse kommen angeschwommen, große und kleine. Flink rudern sie zum Licht. Mit der Harke werden sie herausgehoben und in den Wasserbehälter geworfen.

Die übereinanderkrabbelnden Tiere im engen Blech wurden von dem Vierundzwanzigjährigen und meiner Kleinheit hinuntergetragen in unseren Ort, in den der Krieg den Mann verschlagen hatte. Der von einer Granate verstümmelte Fuß hatte ihm die Entlassung aus dem Wehrdienst gebracht. Abgesehen von dieser Behinderung, die bei den vielen Kriegsversehrten im Land gar nicht auffiel, war der junge Mann von ansteckender Energie.

An Fasching verwandelte er sich in eine blondzopfige Grete und war umwerfend in dieser Rolle.

Die Krustentiere mit den beweglichen Stielaugen warf Claus lebendig in einen Kessel mit kochendem Wasser.

Im Fenster stand immer ein Mond, bei Föhn in einem Rand von schmutzigem Rosa.

Nachdem der Mond, die Erwachsenen und die Kinder dem sensationellen Krebsesterben zugesehen hatten, fischten sie die Tiere heraus und legten sie auf ihre Teller. Sie brachen Schwänze und Scheren ab. Die Leute zogen das feste, das köstliche Fleisch aus den Panzerchen. Etwas Geschick war erforderlich.

Menschen rennen häufig einem Licht hinterher, anschließend kommt die Hungersnot. Die Leute am ovalen Tisch hatten Glück gehabt. Die mageren Gestalten saßen bequem und freuten sich an ihrem Kauen, auch die Kinder.

Ich jedoch wollte die Tiere weder anfassen noch essen.

Vielleicht wähnte ich mich im gleichen Dunkel.

Vielleicht dachte ich an den toten Vater.

In den vier Ecken des Zimmers lauerten Ungeheuer.

»Einen Teil der Ritterrüstung nannte man übrigens Krebs«, sagte der Professor, dem lediglich ein Ringfinger fehlte. »Auch damals, nichts als Krieg. Was für ein Lärmen das war: Posaunen mit ihrem grellem Schall; Tamburine, mit voller Kraft geworfen und geschlagen, dass die ganze Stadt widerhallte. Dazwischen der Klang der Flöten, die Marschlieder bliesen, das Wiehern der Pferde, das Krachen der Schwerter, das Knallen der Lanzenstöße. ›Der Lärm umgab den Kampf wie eine feste Wand‹, notierten die Dichter des Mittelalters.«

Das Kind, das ich einmal gewesen war, fixierte den Mond, der schräg im Fenster hing.

Des Kindes Krieg hatte anderen Klang gehabt.

In der Morgendämmerung war aus der Straßenschlucht ein Zischeln, ein Stöhnen, ein Gemurmel aus hundert Kehlen, ein dumpfer Klangteppich, anschwellend näher gekommen. Aus einem apathischen Himmel fiel, trotz der Sommerzeit, trotz des zweiten Mai, stundenlang Schnee auf das Leid der Menschen aus dem KZ Dachau.

Ich dachte an jene, die nach dem Todesmarsch auf dem Teppich dieses Zimmers, kaum gerettet vor den Schüssen und den Hunden der SS – noch in gestreiften Sträflingskleidern, kahlgeschoren und abgemagert zu Skeletten – wie schon gestorben lagen. Die keine Nahrung mehr bei sich behalten konnten; die das größte Elend waren, was das Kind bis ans Ende seiner Tage gesehen haben und das es nie vergessen wird.

Nach dem Essen das Spiel: Ein Wort wurde gesagt und eines mit gleich vielen Buchstaben, das sich nicht reimen durfte, gesucht. Wer es gefunden hatte, schlug ein neues Wort vor.

»Internat«, sagte die Mutter.

Das Kind dachte an die Schule, an den wildfremden Ort, in den es am nächsten Tag eingeliefert werden würde.

»Vernunft«, antwortete der Professor; »Krebs« bot er an.

»Krieg«, sagte Onkel Claus; er schlug »Leben« vor.

»Liebe!«, rief die schöne Witwe, die Mutter, schaute Claus an und sagte »Lachen«.

»Gilt nicht!«, schrie das Kind.

Krebsaugen starrten über Tellerränder.

Halbmond rutschte aus dem Fenster.

Dass nie Tag würde, hoffte das Mädchen, das ich einst gewesen war.

Nach zwei Nächten in der Burg im Jura, die ich mit den Fliegen verbrachte hatte, fiel mir *Das tapfere Schneiderlein* ein, auf dessen Gürtel »Sieben auf einen Streich« gestickt war. Ein Satz wie eine Bombe, der seine Wirkung in dem Märchen nie verfehlte: nicht bei den Riesen, nicht beim Einhorn, nicht beim Wildschwein, nicht bei des Königs Waffenträgern, die den Schlafenden hätten ermorden sollen.

In der dritten durchsummten Nacht dudelten, das ist neu, Zeilen von Georg Büchner in meinem Kopf: »mich in eine Ecke setzen und singen vom Abend bis zum Morgen: ›Hei, da sitzt e Fleig' an der Wand! Fleig' an der Wand! Fleig' an der Wand!‹«

Auch der Dichter wurde von Fliegen gequält, oh ja. Vermutlich übertrugen sie ihm in ihrer Grazie die Krankheit, an der er, vierundzwanzigjährig, starb.

Nur lesend kann etwas gegen Büchners Leier gesetzt werden. Mosaikjungfern aber sausen wie irr um die Glühbirnen. Plötzlich Stille. Kaum habe ich ein- und ausgeatmet, setzt das Summen wieder ein.

Eine wagt es, sich auf mein Gesicht zu setzen, mitten in der Nacht.

Während die Glocke zweimal schlägt, bricht die gelbrote Patsche entzwei, ohne ein Insekt getroffen zu haben.

Zur Wut gesellt sich der Jagdtrieb. Jeder einzelnen der Fünf wird aufgelauert. Von hinten werden sie überlistet, während sie zart ihre Vorderbeinchen reiben. Mit der fest gefalteten Zeitung wird zugeschlagen, mit dem Patschenrest, mit bloßen Händen. In einem grandiosen Furioso wird das Geschmeiß vernichtet, gleichgültig gegen Blutflecke und zerbrechendes Geschirr.

Zwei Fliegen bleiben am Leben.

Es müssen mehr als fünf Exemplare im Haus gewesen sein.

Zwei Mosaikjungfern wie für die Arche.

Was ich nicht geglaubt hätte: Ich kann töten.

Und schlimmer: Der Satz macht stark.

Er setzt den Riesen, dem Einhorn, dem Wildschwein, den Waffenträgern; er setzt meiner Machtlosigkeit gegen die Unbilden dieser Welt eine Idee, die Sprache, entgegen.

Ein ähnlicher Wahn muss eine bis heute unbekannte Frau gestärkt haben, über die – ein Jahr nach dem Todesmarsch der Häftlinge – in einer oberbayerischen Zeitung eine Notiz zu lesen war.

Die Insassen des KZ Dachau seien von SS-Soldaten, bevor die Amerikaner als Sieger in Dachau eintrafen, nach Süden getrieben worden. An einem Weiher seien die Häftlinge zu einem Kordon zusammengebunden worden und erwarteten den Befehl, erschossen zu werden.

Da tauchte aus dem Nichts eine Frau auf und bat den SS-Offizier inständig um die Freilassung dieser Menschen. Der Vorgesetzte weigerte sich, er habe einen Befehl.

Die Frau aber hätte sich im Schneematsch vor ihm auf die Knie geworfen und ihn angefleht, den Gefangenen die Freiheit zu schenken. Er solle lieber selbst fliehen, bevor die Amerikaner kämen und ihn mit Sicherheit erschießen würden. Da sei der SS-Mann mit der Frau davongefahren.

Die Häftlinge in den gestreiften Sträflingskleidern sind von den restlichen SS-Leuten und deren Hunden weitergetrieben worden durch die Nacht, bis in unseren Ort.

In der Morgendämmerung war aus der Straßenschlucht ein Zischeln, ein Stöhnen, ein Gemurmel aus hundert Kehlen, ein dumpfer Klangteppich anschwellend nähergekommen, im Morgengrauen im Mai, als aus einem apathischen Himmel stundenlang Schnee fiel.

Die Dummheit ist der Punkt – Elemente einer resignativen Betrachtung der amerikanischen Gegenwart

Von Tim Lanzendörfer

Mit welchen Worten greift man am besten die Handlungen der Regierungen, insbesondere in den immer unbegreiflicheren USA? Schon während der letzten Amtszeit Donald Trumps konnte man Einschätzungen lesen, die das politische Agieren seiner Administration auf diese oder jene zumeist rationale Grundlage zurückführten, die also irgendeine sinnhafte Begründung als den springenden Punkt der Analyse sahen – Adam Serwer vom *Atlantic* etwa die »Grausamkeit«. Beobachter erklären, in der Außenpolitik sei das »Chaos« das Ziel; andere wiederum meinen, es gehe um die »Macht«, die »Angst«, die »Erniedrigung«, die »Untergrabung der Demokratie« oder sogar die »Zerstörung Amerikas«.[1] So finden sich viele, aber selten kongruente Gründe, denen nur gemeinsam ist, dass sie zumindest die Überzeugung ausdrücken, dass das, was passiert, sich doch irgendwie rational erklären lassen können muss.

Daran kann man glauben, man muss es aber nicht. Der eigentlich springende Punkt ist vielleicht einfach die unsägliche Dummheit der Gegenwart, wie unlängst Christoph Paret vorgeschlagen hat.[2] Und wenn dem so wäre, sollte man vor der Diagnose nicht deshalb zurückschrecken, weil

1 James Bosworth, *With Trump, the Chaos Is the Point*. In: *World Politics Review* vom 17. März 2025 (www.worldpoliticsreview.com/trump-us-foreign-policy-chaos/); Alex Hobson, *The Humiliation is the Point*. In: *New Lines Magazine* vom 7. März 2025 (newlinesmag.com/essays/the-humiliation-is-the-point/); Ben Raderstorf, *The power is the point*. In: *If You Can Keep It* vom 24. Januar 2025 (www.ifyoucankeepit.org/p/the-power-is-the-point); Austin Sarat, *Trump's hypocrisy threatens democracy – that's the point of it*. In: *The Hill* vom 15. August 2022 (thehill.com/opinion/campaign/3602083-trumps-hypocrisy-threatens-democracy-thats-the-point-of-it/); Paul Blumenthal, *Trump's First 100 Days: Destroying America Was The Plan All Along*. In: *Huffington Post* vom 30. April 2025 (www.huffpost.com/entry/donald-trump-100-days-destroy-america_n_68113057e4b0d4c3d8e32149).

2 Christoph Paret, *»Dummheit des Gescheitseins«: Trump und die Fassungslosigkeit der Experten*. In: *Merkur*, Nr. 913, Juni 2025.

Dummheit nicht wie ein besonders trennscharfes Analyseinstrument wirkt – oder weil das Wort es einem zu leicht macht, es scheinbar erlaubt, sich in seiner eigenen vermeintlichen Intelligenz zu sonnen, während man den anderen Dummheit vorwirft. Oder, mit Paret: »die neugierdelose Abfertigung als Dummheit von Anfang an ist natürlich selbst nur eine Form von Dummheit«.

Versuchen wir es also mit Neugierde auf die Dummheit, denken wir über sie nach, in der Hoffnung darauf, dass wir dabei über den sich als hilflos erweisenden Versuch hinauskommen, irgendwelche mehr oder weniger rationalen Gründe im Handeln der Dummen zu erkennen. Das Problem wäre dann nicht primär, wie Paret analysiert, dass die »Weltläufe« eine »Beleidigung für den Verstand sind«, sondern dass sie auf eine Art und Weise zustande kommen, die auf ganz verschiedenen Ebenen nicht mehr zugänglich ist. Es gibt dann nichts mehr zu verstehen und auf nicht mehr viel zu hoffen. Man macht sich vor sich selbst lächerlich, wenn man von einer diskursiven Öffentlichkeit im Sinne Habermas' träumt, von der Revolution der unterdrückten proletarischen Massen, oder auch nur glaubt, à la Machiavelli dem Fürsten zumindest zu seinem eigenen Zweck Handlungsangebote zu machen, in der Hoffnung, hier könnte sich Herrschaft wenigstens indirekt zum Guten wenden lassen. Kein Ausweg hier, und keiner dort. Alle dumm, alle nicht zu erreichen.

Über dem berechtigen Einwand, dass man nicht einfach alle dumm nennen kann, die Dinge tun, mit denen man nicht übereinstimmt, sollte man gleichzeitig auch nicht vergessen, dass es Dinge gibt, die getan werden, weil diejenigen, die sie tun, einfach dumm sind. Und so einfach ist das Wort, als Begriff gedacht, vielleicht auch gar nicht. Also Begriffsarbeit an der Dummheit. Schon bei Immanuel Kant findet sich die knappe Zusammenfassung: »Der Mangel an Urteilskraft ist eigentlich das, was man Dummheit nennt.«[3] Man darf sich in dieser Bestimmung aufgehoben fühlen, wenn man die letzten sechs Monate Trump-Regierung Revue passieren lässt.

Einschlägig dabei vielleicht die unendliche Geschichte der Zölle, insbesondere da, wo man eben doch herausarbeiten kann, was dumm ist und was nicht. Denn ob die politische Entscheidung für Zölle nun immer dumm ist, darf dahingestellt bleiben – vermutlich nicht. Aber: Den nicht vorhandenen Exporten nicht bewohnter Eilande wie den Heard und McDonaldinseln Zölle aufzuerlegen, ist schlicht dumm. Es ist unmöglich zweckrational.

Dummheit zu diagnostizieren verhindert die Sinnsuche im Handeln der Regierung Trump – und das ist eine gute Sache. Trump testet nicht die Grenzen seiner Macht aus, wie es *Spiegel*-Korrespondent Roland Nelles jüngst im Interview behauptete:[4] Er tut vielmehr einfach Dinge, wie sie ihm gerade in den Kopf kommen; das sagt Nelles sogar selbst, wenn er von Trumps Impulsen spricht. Nur wirkt es, als fühle er sich gleichzeitig gezwungen, zurückzurudern: Es muss doch einen Grund, eine Ratio geben? Aber hier wird eben nicht erprobt oder ergründet, es wird einfach ge-

3 Immanuel Kant, *Kritik der reinen Vernunft*, B 173 Anm.

4 Andreas Landberg, *»Trump testet die Grenzen seiner Macht«*. In: *Spiegel online* vom 27. April 2025 (www.spiegel.de/ausland/donald-trump-testet-die-grenzen-seiner-macht-die-ersten-100-tage-im-amt-a-abe0dad2-1d9d-41c4-a763-d611f4aa4932).

tan. Wenn das nicht dumm ist, was dann? Vom Verteilen von militärischen Geheimplänen via Signal bis hin zu jenem bizarren Moment, als Präsident und First Lady den Tod des Papstes betrauern, während neben ihnen der Osterhase in die Kameras winkt: Hier werden keine Ziele verfolgt, hier wird einfach gehandelt, urteilskraftsfrei.

Schon in den 1930er Jahren beobachtete Robert Musil, dass es sich beim Begriff der Dummheit um einen, könnte man sagen, interkategorialen handelt. »Dummheit und Klugheit hängen sowohl vom Verstand als auch vom Gefühl ab.«[5] Es gäbe zwar durchaus die Möglichkeit, bei jedem Einzelnen manche intellektuellen Defizite begrifflich zu benennen und manche affektiv-mitfühlenden, es gäbe aber eben auch jene Leute, wo es »im ganzen auf etwas hinausläuft, wofür dann die Sprache wieder nur das Wort Dummheit zur Verfügung hat«. Dummheit zu diagnostizieren ist vielleicht weniger ein Akt der intellektuellen Selbstaufgabe als die Erkenntnis, dass im politischen Handeln damals (wie heute) Aspekte miteinander verwoben sind, dass wir strukturell nur das Ganze von Irrationalität und Empathielosigkeit sehen – ein Gewebe, in dem wir mit den Kategorien der Aufklärung nicht mehr so richtig weiterkommen.

So ähnlich sieht es auch Hannah Arendt. Sie diagnostizierte im Zusammenhang mit dem Jerusalemer Eichmann-Prozess in den 1960er Jahren die Banalität des Bösen des beamtistischen Faschismus und von dessen Vernichtungsmaschinerie. Im Gespräch mit Joachim Fest benutzte sie dagegen ein anderes Wort, um sich Eichmann greifen zu können und gleichzeitig angemessen auf ihn zu reagieren: »Das war die Dummheit, die so empörend war. Und das habe ich eigentlich gemeint mit der Banalität.« Dummheit, das ist für Arendt – wie schon für Musil – nicht einfach Intelligenzlosigkeit, sondern eben auch etwas Gefühlsmäßiges, hier: die Empathielosigkeit, »der Unwille, sich je vorzustellen, was eigentlich mit dem anderen ist«.[6] Es ist die Suche nach der intellektuellen Tiefe, die uns zum Befragen der Politik nach nachvollziehbaren Motiven drängt. Aber diese Suche greift zu kurz. Weder Musil noch Arendt bestreiten die Tiefenlosigkeit des Geists der Dummen. Sie ergänzen sie jedoch und geben uns ein Handwerkszeug, besser über die Gegenwart zu denken und auch unsere eigene Position, den Affekt der Empörung, zu verstehen.

Das, »was eigentlich mit dem anderen ist«, die Frage, was es neben dem eigenen Willen und dem eigenen Handlungswunsch noch geben kann, ist das Moment, das uns bei der Beschreibung der Gegenwart hilft. Trumps Zölle, zum Beispiel, sind nicht allein intellektuell defizitär: Sie hängen auch eng mit dem Unwillen zusammen, sich den Anderen als echtes Gegenüber vorzustellen. Dass Trumps Formel für die Zölle – wie man nach einigem Rätseln herausfand – nur das jeweilige halbierte Handelsdefizit der Vereinigten Staaten bezifferte (und da, wo kein Handel stattfindet, einfach pauschal 10 Prozent Zoll auferlegte, wie den Pinguinen der Heard und Mc-

5 Robert Musil, *Über die Dummheit. Ein Vortrag* [1937]. Berlin: Alexander Verlag 2019.

6 *Hannah Arendt im Gespräch mit Joachim Fest. Eine Runkfunksendung aus dem Jahr 1964*. Hrsg. von Ursula Ludz u. Thomas Wild. In: *HannahArendt.net*, Nr. 1/3, Mai 2007 (www.hannaharendt.net/index.php/han/article/download/114/194?inline=1).

Donaldinseln), kann man sicherlich als Ausdruck der Verachtung gegenüber all jenen lesen, die noch wissen wollen, wie Regierungsentscheidungen wirklich zustande kommen. Man verkauft diejenigen für dumm, die die Dummheit der Zölle erkannt und erklärt haben, indem man ihnen halbgare Erklärungen abliefert, die weder die Erklärenden noch die Berichtenden ernst nehmen, eine perfide Form der Empathielosigkeit.

Oder: Während ich dies schreibe, wendet sich Trump bei den Nachverhandlungen über die Verabschiedung seiner »Big Beautiful Bill« (schon der Name des Gesetzes grenzt arg an Dummheit) an das Repräsentantenhaus und gibt seinen Leuten mit, sie sollen bei allem Nachdenken über weitere Änderungen aber doch bitte die Hände von Medicaid lassen, der gesetzlichen Krankenversicherung für die Ärmsten – obwohl das Gesetz schon in seiner jetzigen Form extreme Kürzungen daran vorsieht. Dass der US-Präsident augenscheinlich die Inhalte seines Gesetzes nicht kennt, ist dabei vielleicht Zeichen eines intellektuellen Defizits; dass er mit dem Unwissen in aller Öffentlichkeit hausieren geht, vielleicht am griffigsten schlicht dumm, weil es hier nicht um tatsächliches Mitfühlen geht, sondern nur um dessen plakative Zurschaustellung.[7]

Dummheit, verstanden mit Musil und Arendt, benennt also auf der einen Seite eine ganz bestimmte Form des Weltnichtverstehenwollens – ein Defizit, das weit über die bloße Unfähigkeit zum Denken hinausreicht. Trennscharf wird der Begriff einerseits durch diese Benennung, gleichzeitig auch, weil er eben nicht für alle neofaschistischen Bewegungen, alle autokratischen Regierungen, alle antiliberalen Politiken in Anschlag gebracht werden kann. Putins Überfall auf die Ukraine war, da dürften sich die meisten Beobachter einig sein, vielleicht ein strategischer Fehler, aber nicht per se dumm.

Dummheit begründet für den Beobachter Handeln, wo es nicht anders sinnvoll erklärt werden kann, nicht mehr, nicht weniger. Das Problem mit der Dummheit ist jedoch, dass dagegen kein Kraut gewachsen ist. Der Theologe Dietrich Bonhoeffer hat das 1943 auf den Punkt gebracht: »Dummheit ist ein gefährlicherer Feind des Guten als Bosheit.« Denn: »Gegen die Dummheit sind wir wehrlos.«[8] Und die Dummheit der Gewählten wirft auch ein anderes Schlaglicht auf diejenigen, die die Dummen wählen. Es ist sicherlich möglich, instrumentell empathielos zu agieren. Grausamkeiten kann man anderen wünschen; man kann die Demokratie so verachten, dass man sich rational dagegen entscheidet. Man kann Chaos für reinigend in einem internationalen System halten und sogar die Zerstörung der Vereinigten Staaten potenziell als Mittel zu einem selbstinteressierten Zweck verstehen.

Dumme zu wählen scheint dagegen letztlich nur dumm. Von den Dummen bekommen wir ja eben nicht die Verfolgung eines Zwecks, wie verachtenswert der Zweck auch sein mag – nicht einmal darauf, dass das gewünschte Chaos angerich-

7 MSNBC, *»Epitomizes everything«: Trump reportedly didn't realize his bill strips Medicaid* (www.youtube.com/watch?v=DzmLp9RoLws).

8 Dietrich Bonhoeffer, *Von der Dummheit* [1943]. In: Ders., *Widerstand und Ergebung: Briefe und Aufzeichnungen aus der Haft*. Hrsg. von Eberhard Bethge. München: Christian Kaiser 1951.

tet wird, ist Verlass. Solange wir also unterstellen konnten, dass Trump tut, was er tut, und die unter ihm tun, was sie tun, weil sie damit Zwecke verfolgen, solange konnten wir hoffen, dass sich Menschen noch in ihren Zwecken irren, dass man ihnen moralische Werte vermitteln kann, die ihre Wahlentscheidung beim nächsten Mal ändern, oder dass sie zumindest erkennen, dass ihre eigenen Interessen dann doch nicht verfolgt wurden. Die offensichtliche Dummheit der Regierung Trump schmerzt umso mehr, als das hier offensichtlich nicht der Fall war.

Dummheit, so Bonhoeffer, ist aber kein »angeborener Defekt«, sondern vielmehr eine Folge der »Einwirkung geschichtlicher Umstände auf den Menschen, eine psychologische Begleiterscheinung bestimmter äußerer Verhältnisse«. »Dummheit« ist also auch keine Diagnose, die vollständig außerhalb soziogeschichtlicher Kontexte steht. Man könnte zum Beispiel fragen, welche Zustände dort herrschen, wo Menschen wie der US-Präsident ihre eigenen Lebensbilder entwickeln: worauf die Dummheit Trumps zurückzuführen ist. Kontingenter Einzelfall? Oder Symptom eines Systems, in dem Dummheit kein Hindernis ist für Erfolg – solange nur genügend Geld da ist, um die eigene Dummheit aufzufangen?

Oder, etwas ernsthafter und allgemeiner: Gerade wer Dummheit im amerikanischen Kontext diagnostiziert, der kann und muss sich fragen, wie sich zum Beispiel die Privatisierung von Bildung, die Etablierung von allerlei Schulformen außerhalb des staatlichen Zugriffs, von Homeschooling über religiös orientierte Privatschulen bis hin zu sogenannten Charter Schools auswirkt auf die Fähigkeit des Einzelnen, der Dummheit zu entkommen. Oder vielleicht sogar: inwiefern diese Dinge dazu da sind, Dummheit zu produzieren? Die Eingriffe in den staatlichen Schulalltag gerade in Hinblick auf *book bans* oder, wie jüngst, das vom Obersten Gerichtshof religiösen Eltern zugestandene Vetorecht gegenüber dem gemeinsamen Lesen von Büchern, in denen LGBTQI+-Inhalte auch nur ansatzweise auftauchen, sind wohl nur als Symptom eines autokratisch-politischen Strebens nach unmündigen, nach dummen Bürgern zu lesen.

Folge des Urteils, so haben es etliche amerikanische Kommentatoren schon angedeutet, kann ohne Weiteres sein, dass man im Schulalltag gänzlich auf das gemeinsame Lesen von Büchern verzichtet, die nicht bereits staatlich autorisiert sind. Die republikanische Regierung in Florida, die mit ihrem »Don't Say Gay«-Gesetz 2022 als Vornichtdenker der rechten Antilesebewegung in Erscheinung trat, dürfte sich dessen bewusst gewesen sein. Die Erwähnung von Diversität wird als Werbung für sie begriffen und gesetzlich verboten. Und bevor man sich als Schule rechtlich angreifbar macht, entfernt man als Schulbezirk lieber nicht nur die offensichtlichen, sondern gleich *alle* Bücher aus seinen Bibliotheken.

Es wäre auf seltsam ambivalente Art erleichternd, wenn wir uns darauf einigen könnten, dass wir es beim Trumpismus – aber sicherlich nicht bei allen Gegenwarts-Faschismen – einfach-kompliziert mit Dummen zu tun haben. Und das nicht so sehr, weil wir damit hoffnungsfroher in die Zukunft schauen könnten. Immerhin liegen die Hürden für die Beseitigung der Dummheit hoch. Allein ein »Akt der Befreiung,« schrieb Bonhoeffer, könne die

Dummheit überwinden – Belehrung dagegen sei aussichtlos.

Im historischen Fall Bonhoeffers war der tatsächliche Akt der Befreiung wohl der Untergang des »Dritten Reichs«, vor dessen Ende die damaligen Dummen Bonhoeffer noch ermordeten. Bonhoeffer selbst las den erhofften Akt der Befreiung theologisch als Glaubensakt. Ganz weltlich ist heute unklar, worin er bestehen könnte. Im besten Fall braucht es keinen Weltkrieg zwischen Diagnose und Überwindung. Und selbst wenn, hypothetisch, der Herr in einem ersten Schritt Trump zu sich ruft, ist damit gegen die allgemeinere, breite Dummheit nichts getan.

Den Zweifel an der Möglichkeit, aus dem Erkennen der Dummheit auf eine Lösung des Problems zu kommen, hatte schon Kant. Er resigniert direkt nach seiner oben bereits zitierten Diagnose: »… und einem solchen Gebrechen ist gar nicht abzuhelfen«. Wer Dummheit diagnostiziert, der muss auch davon ausgehen, dass sich so leicht nichts ändern lässt. Dummheit als Dummheit zu erkennen hilft nur insofern, als man dann weiß, von wo keine Rettung zu erwarten ist.

Schnelles Sterben II

Von Anke Stelling

Jetzt ist er tot.

Ging dann doch schneller, als erwartet – auch wenn es noch ein paarmal hin und her ging.

Ob er fehlen wird, weiß ich nicht – ich hatte an anderer Stelle schon gesagt, dass ich *Er wird fehlen* als gerne verwendeten Nachrufsatz nicht besonders gelungen finde. Also schon, er hat so was Pathetisches, und wo, wenn nicht in Nachrufen und Todesanzeigen, ist Pathos angezeigt. Aber das fehlende Dativobjekt scheint mir halt schon ein Problem. Wem wird er fehlen? Wobei und wofür? Verallgemeinerung und ungefragte Wir-Bildung ist nicht mehr zeitgemäß.

Mich erreicht die Nachricht jedenfalls in Jihlava, Tschechien. Dahin bin ich entsandt worden, wie es Schriftstellerinnen manchmal geschieht: Sie müssen Workshops geben und Lesungen abhalten und fremde Gegenden erkunden, um dann darüber zu schreiben. Nein, dürfen. Dürfen, müssen, können – ich wollte schon länger die Modalverben weglassen, weil sie zu Verwirrung führen. Ich lasse die Modalverben weg.

Bin also momentan in Jihlava, wer's nicht kennt: Das ist die Hauptstadt von Kraj Vysočina, der Region Hochland, und war mal schwer reich und zukunftsreich. Inzwischen nicht mehr, heute ist Bosch der wichtigste Arbeitgeber, lässt hier seit Anfang der Neunziger Dieselmotoren und -motorteile fertigen – auch nicht mehr zeitgemäß, mal sehen, wie lang es noch geht.

Ich weiß nicht genau, was ich hier mache. Fertige Satzteile an, lasse die Stadt auf mich wirken, um dann zu prüfen, ob irgendwas an oder in ihr sich mit mir und meinen Sätzen verbindet. Meistens funktioniert das schon irgendwie. Wenn sich's vielleicht auch nicht nachweisen lässt.

Es riecht schlimm.

Ich wohne in der Theaterwohnung, also in der Gästewohnung des hiesigen Theaters, wo sonst Gastregisseure und dergleichen untergebracht sind. Womit ich nicht sagen will, dass die stinken, und *und dergleichen* sag' ich auch nur, weil ich nicht gendern will, könnte ja sein, dass ich dadurch Leser vor den Kopf stoße, und das will ich nicht.

Mein Vater fand, dass es nur eine Perspektive gibt (seine) und nur eine Lesart des Eugen-Gomringer-Gedichts auf der Fassade der Alice-Salomon-Hochschule (diejenige des Dichters, der die Schönheit von Frauen, Blumen und Straßen besingt, was soll er denn sonst besingen, bitte?).

Und dergleichen ist allerdings auch diskriminierend, finde ich, was findet ihr? Zuschriften wie immer – ach, egal. Schreibt nicht. Denkt euch euers, und gut is'.

Ein aus der Ukraine geflüchteter Fernsehregisseur, der jetzt hier im Divadlo als Techniker tätig ist, hat die Wohnung für mich renoviert, und ich fürchte, genau danach riecht es. Nicht nach Farbe, das fänd' ich noch in Ordnung, eher nach der D-c-Fix-Folie, mit der er die Zimmer- und Schranktüren beklebt hat, und nach dem neuen Sofa und Teppich vom Obi in der Romana Havelky 4854/5.

Ahoj, česko! Hey, Obi!, heißt es auf einem Megaplakat an der Ausfallstraße.

Ich bin da mal eben entlang, um zu überprüfen, ob es auch stimmt, was ich hier behaupte; die Adressen kannst du leicht im Netz nachschlagen, die olfaktorischen Tatsachen nicht. Für die braucht es weiterhin ein Schriftstellerinnennäschen aus Fleisch und Blut, verbunden mit einem natürlichen Gehirn, das die Eindrücke vergleicht und verarbeitet.

Bei Obi in der Roman-Havelka-Straße riecht es auch hinten bei den billigen Einrichtungsgegenständen und Fake-Fliesen aus Plastik doch insgesamt noch nach Holz, Harz und der Gartenabteilung, deutlich besser als in der Divadlo-Wohnung, von hier stammt der Geruch also nicht. Ich hab's noch bei Tedi und Kik probiert, aber dort überwiegen das Duftkerzenaroma (Tedi) und die Textilimprägnierung (Kik). Zu Super Zoo bin ich nicht mehr rein; wie's in Tierfutterdiscountmärkten riecht, weiß doch jeder (vielleicht sogar schon die KI).

Roman Havelka ist übrigens ein tschechischer Landschaftsmaler. Er hat als Kind Ende des vorletzten Jahrhunderts hier in der Region gelebt und auch später noch was gemalt in der Gegend. Landschaft. Und Häuser. Ob Häuser zu Landschaft zählen, weiß ich nicht – obwohl, Stadtlandschaft, sagt man doch, oder?, und wenn das so ist, dann zählen auch Bosch und Obi und Hypermarket Albert dazu.

Lubomir sagt, es gibt keinen tschechischen Supermarkt mehr.

Albert gehört inzwischen der niederländischen Ahold Delhaize Gruppe, also geh' ich zu Billa, denn Billa gehört seit dreißig Jahren Rewe, und Rewe bin ich treu. (Wie die geneigte Leserschaft schon gemerkt haben wird.)

Meine Sidekicks hingegen wechsele ich wie die Unterhosen, ich würde Lubomir hier gern als meinen Neuen etablieren, er hat nicht nur einen guten Namen, sondern ist auch ein guter Typ. Host der gesamten Unternehmung: Außer mir sind noch elf weitere deutsche Schriftsteller in die tschechische Republik geholt worden, einer für jede Region. Außer für Prag. Das ist der Witz. Prag bleibt außen vor, ist aber mitgemeint, und Lubomir muss wie ein Verrückter hin und her reisen und hat noch nicht mal einen Führerschein – was ihn mir auch sehr sympathisch macht. Ich hab' auch keinen. Gehe deshalb zu Fuß die Ausfallstraßen entlang. Rieche Benzin. Oder Diesel?

Mein Vater – von dessen schnellem Sterben diese zehnte Kolumne ursprünglich handeln sollte (wollte / musste / hätte können?) – ging auch gerne zu Fuß. Trotzdem schwirrt mir seit meinem Ausflug zum Gewerbegebiet dieses Lied im Kopf rum, kennt ihr? *Mein Vater war ein Wandersmann || und ging nicht gern zu Fuß. || Da schafft er sich 'n Moped an || und fährt mit siebzig los. || Mit achtzig um die Ecke || mit neunzig gegen' Baum || mit hundert auf'n Friedhof || das war sein letzter Traum.*

Es ist nicht immer gut, auf die neueste Technik zu setzen.

Es ist der sechste August.

Hier in Jihlava sterben auch die Birken; dafür gibt es überall noch Russisch Ei.

In Berlin muss ich inzwischen sehr weit gehen, um einen Supermarkt zu finden, der's nicht aus dem Sortiment genommen hat, das von Homann heißt inzwischen auch gar nicht mehr *Russisch Ei*, sondern *Ei in Aspik* – ob wegen des vierundzwanzigsten Februar zwanzigzweiundzwanzig, weiß ich nicht.

Ich überlege, mir alles ein bisschen weniger zu Herzen zu nehmen.

Weiß irgendwer von euch, wie das geht? Bis ihr mir euer Rezept verratet, versuche ich, gegen die Traurigkeit anzurauchen.

Eine meiner Töchter meinte, ich solle es in der Wohnung tun, das würde den Plastikgeruch ratzfatz ausmerzen. *Ausmerzen* ist ein problematisches Verb, seit die Nazis es aus dem Landwirtschaftszusammenhang in den biopolitischen geholt haben – was wiederum auch eine problematische Umschreibung ist für Völkermord und Zivilisationsbruch. Ich wollte ab sofort unerschrocken alles aussprechen und direkt beim Namen nennen, aber ich sag's euch, das ist gar nicht so leicht. Vielleicht paart sich der Zigarettenqualm auch bloß ungut mit dem Cyclohexanon aus der D-c-Fix-Folie und bildet am Ende eine noch toxischere Beziehung; ich rauche also aus dem Fenster und höre dazu Gerry Rafferty. Einen der Lieblingssongs meines Vaters, *Baker Street* (wer's nicht kennt, das Saxophon darin kennt jeder), und ich glaub' nicht, dass mein Vater die Lyrics verstanden hat, aber die sind in all seinen Lieblingssongs ohnehin die gleichen: Einer geht traurig durch die Stadt und träumt davon, sich vielleicht irgendwo niederzulassen und zu heiraten – oder hat geheiratet und Frau und Kind jetzt in Baltimore sitzengelassen – und hockt dann in einer Bar und will dem Saufen und Rauchen eigentlich abschwören, aber was sonst hilft, hat er halt auch keine Ahnung, also besingt er's zumindest schon mal.

Aus dem Haus gegenüber meinem in der Palackého tritt der Optiker aus seinem Laden. Da steht er neben seinen zwei Mülltonnen und vor seinem Schaufenster, in dem ausschließlich orangerote Brillengestelle ausliegen, und trägt ebenfalls eine rote Brille auf der Nase und rote Turnschuhe an den Füßen; seine Haltung ist ein bisschen krumm. Ich schätze ihn auf mein Alter, Haare hat er kaum noch, aber zum Ausgleich ja die Brille und die Sneaker und das schwarze Band-T-Shirt überm Bauch. Ich grüße bewundernd, als er zu mir hochsieht, mir da oben am Fenster der Divadlo-Wohnung, aus dem neben dem Rauch noch die Saxophonklänge aus *Baker Street* auf die Palackého hinauswehen (wer's nicht weiß, František Palacký ist der Typ auf dem Tausend-Kronen-Schein), und ich beschließe, einen Song zu schreiben, der *Palacký Straße* heißt und von einer Frau handelt, die mit ihren drei Töchtern in Berlin sitzengelassen wurde, dann aber selbst zum Rolling Stone wird, runterrollt nach Jihlava, dort am achtzigsten Jahrestag des Abwurfs von Little Boy auf Hiroshima einen Kleinen Dicken Optiker trifft und mit ihm ein Stück Land voller sterbender Birken kauft – nein, Quatsch, sie sieht ihn da nur stehen vor seinem Laden auf der Palacký Straße, hofft ihren Vater im Himmel, und dann setzt auch schon das Saxophon ein.

Der Merkur im Internet: Aktuelle Interventionen und Kommentare, Reaktionen auf Texte in der Druckausgabe, Blicke ins Archiv, Hinweise zu Tagungen und Links zu lesenswerten Artikeln und Essays online, zu finden unter:

www.merkur-zeitschrift.de/blog/

Demnächst:

Emmanuel Carrère
Mit Macron bei G7

Katja Kullmann
Litauen

Oliver Lepsius
Die Kultur des Kompromisses

HERBERT VON HALEM VERLAG
Dieter Mersch
Kann KI Kunst?
Eine ästhetische Kritik
2025
ISBN 978-3-86962-709-0